传统与现代元素
在居住建筑中的对比

曾雨静　著

U0323721

哈尔滨出版社
HARBIN PUBLISHING HOUSE

图书在版编目（CIP）数据

传统与现代元素在居住建筑中的对比 / 曾雨静著.
哈尔滨 : 哈尔滨出版社, 2024. 7. -- ISBN 978-7-5484-
8032-7

Ⅰ. TU241

中国国家版本馆CIP数据核字第2024CV1141号

书　　名：传统与现代元素在居住建筑中的对比
CHUANTONG YU XIANDAI YUANSU ZAI JUZHU JIANZHU ZHONG DE DUIBI

作　　者：曾雨静　著
责任编辑：韩伟锋
封面设计：蓝博设计

出版发行：哈尔滨出版社（Harbin Publishing House）
社　　址：哈尔滨市香坊区泰山路82-9号　　邮编：150090
经　　销：全国新华书店
印　　刷：永清县晔盛亚胶印有限公司
网　　址：www.hrbcbs.com
E-mail：hrbcbs@yeah.net
编辑版权热线：（0451）87900271　87900272
销售热线：（0451）87900201　87900203

开　　本：710mm×1000mm　1/16　印张：12.5　字数：220千字
版　　次：2025年1月第1版
印　　次：2025年1月第1次印刷
书　　号：ISBN 978-7-5484-8032-7
定　　价：78.00元

凡购本社图书发现印装错误，请与本社印制部联系调换。
服务热线：（0451）87900279

前言
PREFACE

居住建筑是人类生活的重要组成部分，承载着人们的生活、文化和情感。随着社会的发展和文明的进步，传统与现代元素在居住建筑中的对比研究成为当今建筑界的热点之一。本书旨在探讨传统与现代元素在居住建筑中的对比，通过对历史演变、社会文化影响、设计原则、特点对比分析以及案例赏析等方面的研究，深入剖析传统与现代住宅建筑的异同，探讨二者融合发展的路径与意义。

第一章为导论部分，介绍了研究的背景、动机、目的、问题、范围、限制、方法与途径，为读者提供了本书的整体框架和研究思路。

第二章着眼于住宅建筑的历史演变，探讨了古代住宅建筑的概况、传统建筑风格的发展演变以及历史时期对住宅建筑的影响，为后续对比分析提供了历史渊源和发展脉络。

第三章深入探讨了社会、文化与住宅建筑之间的关系，从社会变革、文化认同和建筑反映社会文化变迁等角度剖析了建筑与社会文化的相互影响关系。

第四章从传统住宅建筑的设计原则出发，分析了对称与均衡、比例与尺度、材料与手工艺、空间布局与功能分区、色彩与装饰等方面的设计理念，为传统建筑的特点与现代建筑的对比奠定了基础。

第五章从现代住宅建筑的特点出发，介绍了现代建筑风格的定义、技术与材料的创新、开放式设计与灵活性以及可持续发展与环保意识等方面的特点，为对比分析提供了现代建筑的视角。

第六章是本书的重点，通过对传统与现代住宅建筑的结构与形式、功能与空间、文化与象征、材料与施工技术等方面的对比分析，揭示了二者之间的差异与共通之处。

第七章探讨了现代设计中传统元素的融合问题，通过现代建筑中传统元素的引入、设计师的创新与表达以及传统元素在现代建筑中的角色与意义等方面的分析，探讨了传统与现代在建筑设计中的交融与创新。

最后一章则以贵州住宅建筑为例，从贵州住宅建筑的特点、传统设计原则、现代化影响以及城市化与居住建筑发展趋势等方面，展示了地域特色与现代发展的结合，为全书做出了生动的案例说明。

本书旨在为建筑领域的研究者、设计师、工程师以及对建筑感兴趣的读者提供一份全面系统的研究成果，希望能为传统与现代元素在居住建筑中的融合与创新提供有益的参考与启发。

编者

2024.4

目录
CONTENTS

第一章 导论

第一节 研究背景与动机

一、研究背景

在当代社会，城市化和现代化进程持续推进，居住建筑作为人们日常生活的重要组成部分，其设计风格和建筑形态不断演变。传统建筑作为历史和文化的见证，承载了丰富的文化内涵和设计智慧。然而，随着现代化的迅速发展，人们对功能性、科技性和环境友好性的需求不断增加，现代建筑在设计上更加注重实用性和现代化风格的体现。这种背景下，传统与现代元素在居住建筑中的对比研究显得尤为重要。

在现代社会，城市化进程的加快导致了城市居住空间的快速扩展和更新换代。随之而来的是对居住环境的不断改善和提升的需求，人们对居住环境的舒适度、便利性和美感等方面有了更高的期望。在这个过程中，传统建筑所具有的文化内涵和设计智慧变得愈发珍贵，因为它们不仅反映了历史的沉淀，更代表了一种文化的传承和精神的追求。

然而，现代建筑的崛起也带来了对传统建筑的冲击和挑战。在追求功能性和科技性的同时，一些设计师可能忽视了传统文化的传承和发展，过度追求西方现代化风格，使得部分现代建筑失去了传统文化的独特魅力和深厚底蕴。在这种情况下，对传统与现代元素在居住建筑中的对比研究变得尤为迫切，既可以促进传统文化的传承与发展，又能够推动现代建筑设计的创新与进步。

对传统与现代元素进行对比研究，不仅可以帮助我们更好地理解传统文化的精髓和现代建筑的特点，还可以为建筑设计提供新的思路和灵感。通过挖掘传统文化中具有象征意义的元素，并将其融入现代建筑设计中，可以创造出更具有个性化和文化特色的建筑作品。这不仅有助于提升建筑的艺术性和观赏性，也能够满足人们对精神文化需求的追求，提升居住环境的品质和舒适度。

二、研究动机

研究传统与现代元素在居住建筑中的对比具有深远的学术和现实意义。通过对比研究传统与现代建筑的设计理念、形式表现和文化内涵，可以帮助我们更好地理解建筑设计的历史演变和文化发展。传统建筑作为历史的见证和文化的载体，承载了丰富的文化内涵和民族精神，其设计理念和建筑形式反映了当时社会、经济和文化的特点。而现代建筑则更注重功能性、科技性和环境友好性，其设计理念和建筑形式与传统建筑有着明显的区别。通过对比研究传统与现代建筑，可以深入探讨建筑设计的发展脉络和文化传承的路径，为建筑设计理论的深化和建筑文化的传承提供重要的参考和启示。

随着全球化进程的加速，不同文化之间的交流与融合日益频繁，传统与现代元素的结合成为一种重要的设计趋势。在当代建筑设计中，越来越多的设计师尝试将传统文化元素与现代建筑风格相结合，创造出具有独特文化特色和现代审美风格的建筑作品。通过研究传统与现代元素在居住建筑中的融合方式和效果，可以为跨文化建筑设计提供借鉴和参考，促进不同文化之间的交流与理解，推动建筑文化的多样性和丰富性。因此，研究传统与现代元素在居住建筑中的对比对于推动建筑文化的交流与融合，促进建筑设计的创新与发展具有重要的现实意义和社会价值。

第二节　研究目的与问题

一、研究目的

本研究的目的在于深入探究传统与现代元素在居住建筑中的对比情况，旨在通过比较分析它们在设计理念、形式表现和文化内涵等方面的异同，揭示它们之间的相互影响与融合方式。第一，通过对传统建筑与现代建筑的对比研究，可以探讨它们在设计理念上的差异和共同之处。传统建筑注重历史文化传承和精神追求，追求人与自然的和谐共生；而现代建筑更加注重功能性和科技性，追求创新和时尚性。通过比较分析传统与现代建筑的设计理念，可以深入理解它们所承载的文化内涵和社会意义，为建筑设计的历史演变和文化传承提供理论支撑。

第二，本研究旨在揭示传统文化在现代建筑设计中的传承与创新路径。随着时代的发展和社会的变迁，传统文化在现代建筑设计中的地位和作用逐渐凸显。传统文化中蕴含着丰富的文化内涵和设计智慧，对于现代建筑设计具有重要的启示和借鉴价值。通过对比分析传统与现代建筑的设计特点和形式表现，可以挖掘传统文化中的精华和核心价值，发掘其在现代建筑设计中的应用潜力，为传统文化的传承与创新提供新的思路和方法。

第三，本研究旨在探讨现代建筑在传统文化中的价值体现。现代建筑作为当代文明的产物，其设计理念和建筑形式不断受到传统文化的影响和启发。通过对比研究传统与现代建筑的设计特点和文化内涵，可以深入探讨现代建筑在传统文化中的地位和作用，揭示其在传统文化传承和发展中的重要价值，为传统文化的保护与传承提供理论支持和实践指导。

二、研究问题

在研究传统与现代元素在居住建筑中的对比过程中，我们首先需要探讨它们的异同点。传统建筑和现代建筑在设计理念、形式表现和文化内涵等方面存在明显的差异。传统建筑往往注重历史文化传承和精神追求，强调人与自然的和谐共生，其建筑形式多采用传统材料和手工艺，注重对称均衡和比例尺度的控制。而现代建筑更加注重功能性和科技性，追求创新和时尚性，其建筑形式多样化，常常采用现代材料和先进技术，注重空间布局的灵活性和视觉效果的创造。通过比较分析传统与现代建筑的设计特点，我们可以深入了解它们所代表的不同时代和文化背景，为理解建筑设计的历史演变和文化传承提供重要的参考和启示。

接下来，我们需要探讨传统文化对现代建筑设计的影响体现在哪些方面。传统文化作为历史和文化的见证，蕴含了丰富的文化内涵和设计智慧，对于现代建筑设计具有重要的启示和借鉴价值。传统文化对现代建筑设计的影响主要体现在以下几个方面。一是在设计理念上，传统文化强调人与自然的和谐共生和人文精神的追求，对于现代建筑设计提供了可持续发展的理念和价值观；二是在形式表现上，传统文化的建筑形式和装饰艺术为现代建筑设计提供了丰富的设计元素和创作灵感；三是在文化内涵上，传统文化所蕴含的价值观和审美观念对于现代建筑设计的文化认同和社会责任具有重要的影响。

然后，我们需要探讨现代建筑如何融合传统文化元素，实现传统与现代的完美结合。在当代建筑设计中，越来越多的设计师尝试将传统文化元素与现代建筑风格相结合，创造出具有独特文化特色和现代审美风格的建筑作品。现代建筑融合传统文化元素的方式主要包括：一是借鉴传统建筑的形式和结构，将其重新诠释和运用到现代建筑中；二是采用传统文化的装饰元素和手工艺技术，为现代建筑赋予文化内涵和艺术价值；三是注重传统文化的精神追求和价值观念，在现代建筑设计中体现人文关怀和社会责任。通过深入探讨现代建筑如何融合传统文化元素，我们可以了解其设计原则和方法，为实现传统与现代的完美结合提供理论参考和实践指导。

最后，我们需要研究传统与现代元素融合在居住建筑中的实际效果如何。通过案例分析和实地调研，可以深入了解传统与现代元素在居住建筑中的实际运用情况和效果表现。可以从建筑形式、空间布局、材料选用和功能性等方面评估传统与现代元素融合的效果，探讨其对居住环境的美学感受和文化内涵的影响。通过对比分析不同案例的实际效果，可以评估传统与现代元素融合在居住建筑中的优缺点，探讨其对居住者生活品质和文化体验的影响。在实际效果研究中，还可以考察居民对传统与现代元素融合设计的态度和反馈，从社会和人文角度探讨其对社区和文化氛围的影响。通过深入研究传统与现代元素在居住建筑中的实际效果，可以更加全面地了解其设计理念和实践运用，为建筑设计的实践创新和社会发展提供有益的参考和启示。

第三节　研究范围与限制

一、研究范围

本研究的主要范围是居住建筑领域，以传统与现代元素在居住建筑设计中的对比研究为核心内容。在研究过程中，将重点关注传统与现代建筑在设计理念、形式表现和文化内涵等方面的异同，以及它们之间的相互影响与融合方式。在考察具体案例时，研究范围涵盖不同地域、不同时期的居住建筑，旨在从多角度、多维度地比较分析传统与现代元素在不同文化背景下的表现和影响。

二、研究限制

然而，由于研究时间和资源的限制，本研究可能存在以下几方面的限制：

（一）案例选择限制

由于研究范围广泛且案例繁多，可能无法涵盖所有地域和时期的居住建筑。因此，在选择具体案例时，可能会受到研究者个人背景、地域限制以及可获取的数据资源等因素的影响，导致样本选择可能不够全面和代表性。

（二）数据获取限制

部分案例的相关数据可能难以获取或不完整，如历史建筑的详细资料或现代建筑的设计图纸等。受限于数据获取的困难，可能会影响研究对于案例的深入分析和全面评估。

（三）研究方法限制

由于研究方法的选择和运用也受到时间和资源的限制，可能会影响研究结果的科学性和可信度。例如，受限于研究者的专业背景和技术水平，可能无法采用最新的建筑设计软件和技术工具进行深入分析。

（四）文化背景限制

由于不同地域和文化背景下的建筑设计具有差异性，研究结果可能受到文化背景的影响而具有局限性。因此，在跨文化比较分析时，需要充分考虑文化因素对研究结果的影响。

第四节　研究方法与途径

一、文献综述

我们将进行广泛的文献检索和综述，梳理和整理相关领域的学术文献、研究报告、专业期刊和学术论文等。通过对历史建筑、传统文化和现代建筑设计等方面的文献资料进行梳理和分析，可以系统地了解传统与现代元素在居住建筑中的应用情况、发展趋势和理论研究进展，为后续研究提供理论支撑和方法指导。

二、案例分析

我们将选取具有代表性的居住建筑案例，进行详细的案例分析。这些案例将涵盖不同地域、不同时期和不同文化背景下的传统与现代建筑，以便全面比较和分析它们在设计理念、形式表现和文化内涵等方面的异同。通过对案例的深入分析，可以揭示传统与现代元素在实际建筑设计中的具体运用方式和效果，为研究提供实证数据和案例支持。

三、实地调查与访谈

我们将通过实地调查和访谈的方式，获取专家和用户对传统与现代建筑的看法与体验。通过走访建筑现场、与设计师和业主进行深入交流，可以深入了解建筑背后的设计理念和文化内涵以及居民对于建筑环境的感受和评价。通过实地调查与访谈的方式，可以补充文献资料的不足，为研究提供更加全面和客观的数据支持。

第二章　住宅建筑的历史演变

第一节　古代住宅建筑概述

一、古代住宅建筑中的风水观念与生态美诉求

古代中国的住宅建筑不仅是人们居住的场所，更是一种文化的载体，其中蕴含着丰富的风水观念。虽然风水一词带有一定的封建迷信色彩，但在深入探究其内涵时，我们会发现其背后蕴含着对人与自然和谐共生的追求，体现了中国古代人对生态美的诉求。

（一）风水观念的历史渊源与具体内容

风水观念的起源可以追溯到古代的神话传说和自然观察，但其系统化的表达始于古代经典文献中。从周代的洛书到晋代的郭璞，风水观念逐渐得以理论化和传承。其中，风水观念主要包括觅龙、察砂、观水和点穴四个方面。这些观念不仅影响了住宅建筑的选址和布局，还涉及环境的气候、地形、水文等多个方面，体现了古人对自然环境的细致观察和理解。

（二）风水观念与生态美诉求的关系

在风水观念中，对自然环境的选择和处理体现了古代人追求人与自然和谐共生的愿望。觅龙、察砂、观水等观念，强调了住宅与周边环境的融洽，注重了物质世界和谐与精神感受舒畅的高度协调。这种观念与当今生态美诉求的内涵相契合，都体现了人们对于生态平衡和自然美的向往。

（三）城市化进程中的风水观念变迁

随着城市化的不断推进，古代风水观念在城市住宅建筑中的应用也发生了一定的变化。城市住宅的选址和布局不再完全依据传统的风水观念，而更多地

考虑了城市规划和现代生活的需求。然而，人们对于环境的关注并没有减弱，城市住宅建筑中依然注重人文生态环境的营造，体现了风水观念在城市化进程中的延续与发展。

二、古代住宅建筑中功能性空间布局

（一）气动布局

1.住宅布局与文化理念

住宅布局在建筑设计中占据着至关重要的位置，不仅仅是出于工程上的需要，更与文化理念密切相关。历史上，不同文化背景下的建筑都反映了当时社会的价值观和审美情趣。例如，古希腊的柱式建筑将人体美融入建筑设计之中，而欧洲中世纪的哥特式建筑则将宗教信仰具象化为建筑语汇。在中国古代，风水观念对住宅布局产生了深远影响，体现了对于自然与人文环境的综合考量。

2.气动布局的特征与意涵

中国古代住宅建筑的布局往往呈现出气动的特色，强调气势之美、动态之妙。风水观念对住宅布局产生了深远影响，追求山水环境与建筑空间的和谐共生。以浙江兰溪市诸葛村为例，诸葛族人选址之所以得天独厚，正是因为其符合了古代风水观念中气动布局的要求。诸葛村的地形起伏、水势奔流，营造了充满生机与活力的生态环境，为居住者提供了舒适的生活空间。

3.生态美学视角下的气动布局

从生态美学的角度来看，气动布局的住宅建筑营造了充满生机的局部生态环境美。山峦叠嶂、茂密森林、溪流纵横，构成了一幅生态画卷，与住宅建筑相辅相成，共同营造了人与自然和谐相处的理想生活场景。这种布局不仅使居住者能够享受到自然环境带来的物质舒适，更能够激发其精神境界，让他们充满蓬勃旺盛的生命力。

（二）屈曲流转

1.气动美学：风水观念中的审美理念

中国古代风水观念将住宅建筑环境布局的美学理念归纳为气动之美，强调动态气势和流动变化。这种审美理念反对呆板、刻板的布局方式，而是倡导屈曲流转，追求动态生动的建筑形态。在觅龙时，风水观念注重群峰起伏、山势奔驰，认为这种地形能够藏气，为真龙之所在。而在观水方面，则提倡弯环曲折，认为直流直去的水势不具备风水的贵气。因此，风水观念中的气动美学体现了对于自然环境中动态变化的崇尚和追求。

2. 风水实践：浙江武义县郭洞村的案例分析

以浙江武义县郭洞村为例，其对水的处理方式体现了风水观念中屈曲流转的理念。原先直流直去的河流形态不符合风水要求，因此村民们采取了改造补救的措施。他们引导溪水经过村庄时曲折回环，使之形成弯环曲折的河道。同时，在河道上建造了一座横跨东西的石拱桥，名为"回龙桥"，以锁住水流，聚居贵气，象征风水的吉祥。从生态美学的角度来看，这种曲折流转的河道形态有利于水生动植物的繁衍生息，对生态环境的改善和涵养生物具有积极意义，也使居住者能够更好地感受到自然环境的美妙与生命力的蓬勃。

3. 生态美学视角下的解读

风水观念中的屈曲流转美学不仅体现了对自然环境的尊重和顺应，更体现了人类与自然和谐共生的理念。这种审美观念不仅影响了建筑环境布局，也促进了人们对于生态环境的关注和保护。通过深入理解和实践风水观念中的屈曲流转美学，我们能够更好地把握人与自然相处的方式，推动生态文明建设，实现人与自然的可持续发展。

（三）和谐生情

1. 风水观念的兴起与生活理想

风水观念的兴起与人类对自然界的认知和理解密切相关。在原始社会，人们建造住宅的主要目的是抵御自然灾害和确保人身安全。然而，随着社会的发展和人类对自然的认知提高，风水观念逐渐产生，并成为人们追求生活理想的寄托。风水观念的出现是人类从自然束缚中解脱出来，追求自由和美好生活的表现。

2. 和谐生情：住宅环境中的情感体验

在古代风水观念中，和谐生情是一个重要的诉求。通过气动布局和屈曲流转等环境设计，风水观念创造了住宅内部的和谐韵味，促使居住者与环境之间产生共鸣和情感交流。例如，《晋书》中关于魏舒的记载，表明了住宅建筑的风水观念对居住者的心理暗示作用。魏舒听从相宅者的建议，选择了适宜的居住环境，最终实现了自己的人生理想。这种情感体验不仅是对物质条件的满足，更是对生活品质和精神追求的体现。

3. 生态美学的角度：人与自然的共生关系

从生态美学的角度来看，和谐生情体现了人与自然的共生关系。风水观念通过营造和谐的居住环境，使居住者能够与自然环境产生共鸣，享受到生活的乐趣和美好。这种共生关系不仅促进了人类与自然的和谐发展，也增强了人们对生态环境的关注和保护意识，推动了生态文明的建设和可持续发展。

（四）浑融自洽

1. 中国古代住宅建筑中的风水观念

在探索中国古代住宅建筑中的风水观念时，我们发现其理论体系虽然复杂多样，但呈现出一种浑融自洽的特质。这一观念的核心在于将环境与建筑的关系视为整体观照模式，其中包含着有序性与自足性的特质。古人所强调的阳宅建筑环境模式，以"气"和"聚"为核心概念。而在这种观念中，"气"的含义常常是模糊的，可以指物质气体，也可以是五行、阴阳、衰旺等的气。而"聚"则更为抽象，有时代表着周围高、中央凹的环境，有时则指建筑群的布局，甚至包含神秘的精神聚集。这种模糊性使得理解风水观念的内涵颇具挑战性，但并不妨碍其呈现出一定的秩序性。

通过对风水观念的深入研究，我们发现其中蕴含着严谨的秩序。通过类比的方式，风水观念构建了内在的秩序，如"觅龙""察砂""观水""点穴"等的次序以及罗盘八卦的占断定位等。即便对一般人而言难以理解的复杂罗盘编码，也显露出其严密的秩序性。这一秩序体系不仅包含了阴阳平衡、伦理等级等复杂内容，还具有实践意义。例如，江西赣州城的地下排水系统便是风水观念在实践中的成功范例。在许多现代城市频频出现排水问题的情况下，赣州城却在900多年仍然可以保证全城在暴雨条件下不发生内涝，这一成果彰显了风水观念的实用性与可行性。

2. 风水观念的模糊性与秩序性

风水观念中的模糊性与秩序性相结合，使其在中国古代住宅建筑中呈现出浑融自洽的特点。在理解风水观念时，我们常常遭遇到概念的模糊性，比如"气"和"聚"的含义。这种模糊性导致我们难以用严密的逻辑来捕捉其真正的内涵。然而，正是在这种模糊性的基础上，风水观念构建起了一套严谨的秩序体系。

这种秩序体系通过类比的方式建构起了内在的风水秩序，例如"觅龙""察砂""观水""点穴"等次序，以及罗盘八卦的占断定位等。这些秩序的建构并非简单的偶然，而是蕴含了阴阳平衡、伦理等级、天人合一等复杂的内容。这种结合了模糊性与秩序性的特点，使得风水观念在整体上呈现出一种浑融自洽的特质。

3. 风水观念的生态智慧与实践意义

中国古代住宅建筑中的风水观念所体现的生态智慧，不仅是一种把握世界的特殊维度，更是一种生态美学的体现。在现代逻辑思维所缺乏的整体观照与内部秩序相结合的特质下，风水观念凸显出其在生态环境中的重要性。

通过对风水观念的研究与实践，我们发现其具有强大的实践意义。以江西赣州城的地下排水系统为例，其长达 900 多的稳定运行为当代城市规划提供了有益的借鉴。在许多现代城市频繁出现排水问题的情况下，赣州城却凭借着风水观念所构建的排水系统，成功地避免了城市积水现象的发生。这一实践成果不仅在生态环境中体现了风水观念的生态智慧，也为我们提供了一种新的思路与方法来解决当代城市规划中所面临的挑战。

三、古代住宅建筑审美思维方式的展现

（一）生态美与东方审美观

1. 风水观念的起源与基本理念

中国古代住宅建筑的审美思维方式根植于郭璞提出的"有生气"理论。根据他在《葬书》中的记载，生命体的气息在风中会散失，在水中则停留。古人通过聚集气息，使之不散，引申出了"风水"概念。这种观念认为人体受体于父母，遗体则受到自然的荫庇。这一理论对中国古代住宅建筑风水观念产生了深远影响，使其从一开始就以生命之美为核心，以气为中心概念，构建了独特的审美模式。

这种风水模式与东方审美思维密切相关。东方审美将生命视作美的源泉，以充盈的生命之气为美的表现，以显示生命力旺盛的事物为美。生命形式被看

作是交感的、一体化的，表现出一种内在的联结。原始思维中的"交感"概念认为，生命体之间存在着一种基本的联结，沟通了多种多样的个体生命形式。这种思维方式使得中国古代住宅建筑中的风水观念蕴含了对生命互渗共感的神秘特征。

例如，"觅龙"观念将龙作为富有生命力的象征，将其与风水形胜相类比，表达了对生命之美互渗共感的一种形象表达。另外，《黄帝宅经》中将宅建筑与人的生命形态进行关联比附，进一步强调了以生命之美规范建筑环境与形制的核心理念。因此，风水观念的起源与基本理念，展现了中国古代住宅建筑审美思维方式中的生态美与东方审美观照紧密结合。

2. 情感共鸣与自然的交感

中国古代住宅建筑中的风水观念不仅仅是一种理论，更是一种情感共鸣的体现。东方审美观强调了以己度物的情感倾向，认为自然界的山水草木与人的情感和命运息息相关。良好的风水意味着好的前景，而不祥的地理则预示着不祥的兆头。因此，人们对自然环境中的一草一木都怀有深深的情感，甚至某一物的存毁也可能关乎整个家族的命运和情感。

这种情感共鸣源自东方审美观中的同情观。同情观将自然对象的生命同自身生命加以类比，认为生命形式之间存在着一种基本的联结。因此，人们对自然环境中的一草一木都怀有深深的情感共鸣。这种情感共鸣使得中国古代住宅建筑中的风水观念不仅是一种物理空间的布局，更是一种情感共鸣的体现。

例如，《重造回龙桥记》中记录了一座桥梁的故事，桥梁的毁坏导致村民的情绪波动，而桥梁的重建则带来了村民的喜悦和希望。这种情感共鸣使得中国古代住宅建筑中的风水观念充满了人情味和温暖，体现了与自然的交感关系。

3. 诗意栖居与自然的融合

中国古代住宅建筑的审美思维方式与诗意栖居情怀密不可分。诗人荷尔德林曾提出"人诗意地栖居在大地上"的理想，这一理念在中国古代文化中有着深刻体现。中国古代住宅建筑中的风水观念不仅是一种技术性的居住方式，更是一种诗意栖居的体现。人们通过劳作筑造居所，营造一个诗意栖居之所，与大地相融相合，体现了人与自然的和谐关系。

古代文献中对于风水宝地的描写，充满了诗意的浪漫情怀。这些地方往往被赋予了特殊的意义和价值，成为人们心中的理想栖居之地。例如，山水环境的描绘常常充满了诗情画意，使得中国古代住宅建筑中的审美思维方式充满了诗意栖居的情怀。

（二）同情观与情感共鸣

1. 同情观的情感共鸣

中国古代住宅建筑风水观念中的同情观体现了一种与自然共鸣的情感倾向。这种观念强调了人与自然之间的密切联系，将自然界的山水草木视作与人的情感和命运紧密相连的存在。在这种观念中，人们不仅将自然景观作为物理环境的一部分，更将其视作与自身情感和生命息息相关的存在。

同情观使得人们对自然环境中的每一个细节都怀有深深的情感。无论是一片草木的繁茂，还是一处山水的壮丽，都被赋予了特殊的意义和价值。这种情感共鸣使得人们不仅是居住在自然环境之中，更是与自然环境相融相合，共同构成了一个和谐的整体。

举例来说，浙江武义县郭洞村的石桥亭就是一个充分体现了同情观情感共鸣的案例。自清代乾隆十九年（1754）建成以来，这座桥曾多次毁坏重建。每一次的毁坏和重建都引发了村民们的情感波动，甚至影响了整个村庄的命运。村民们将这座桥视作心中的图腾，寄托了他们对生活和未来的期许与情感。这种情感共鸣使得石桥亭不仅仅是一座桥梁，更是村民们情感的象征和集结点。

2. 自然情感与生态美的诠释

同情观的情感共鸣不仅是一种感知和情感的体验，更是对生态美的一种诠释和追求。在中国古代住宅建筑的风水观念中，同情观将自然环境中的生命与人类的生命加以类比，将自然界的生机与人的情感相融合，形成了一种以和谐有情为重要审美尺度的观念体系。

这种审美尺度体现了一种对生态美的追求。人们不仅仅是在自然环境中寻求生存，更是在与自然共生共鸣中追求心灵的满足和美的享受。这种生态美并非对外在环境的简单感知，而是一种深刻的情感体验和生命共鸣。在这种生态美的追求中，人们更加重视与自然的和谐相处，强调人与自然之间的情感联系与共生关系。

（三）诗意栖居与生态美诉求

1.诗意栖居的哲学基础

诗意栖居被视为一种理想的生活方式，蕴含着对自然和人类生活关系的深刻思考。海德格尔引用荷尔德林的诗句，将栖居与诗意相联系，强调了人与自然之间的和谐关系。在中国古代住宅建筑的风水观念中，诗意栖居的情怀也得到了充分体现。

诗意栖居不仅是一种物理空间上的居住，更是一种心灵上的寄托和情感体验。人们通过劳作和建筑来营造一个栖居之所，从而实现了对自然的敬畏与尊重。中国古代的诗意栖居情怀源自对自然的亲近和对生命的尊崇，这种情怀是一种根植于人类心灵深处的美好愿景。

2.诗意栖居与生态美诉求的融合

诗意栖居所追求的并不仅仅是美的外在表现，更是一种对生态美的诉求和追求。在中国古代住宅建筑的风水观念中，诗意栖居的情怀与生态美密不可分。

这种融合体现在对自然环境的敬畏和尊重之中。人们将诗意栖居视作生活的理想，努力营造一个与自然和谐共生的生活空间。在诗意栖居的理念中，人类与自然并非对立的存在，而是相互依存、相互交融的关系。

举例来说，山西沁水县西文兴村的居住环境就是一个充分体现了诗意栖居与生态美的结合的案例。这个地方不仅仅是一处居住之所，更是一个充满诗情画意的栖居之地。山水交融，千峰碧苍，让人仿佛置身于一幅壮美的山水画中。这种自然环境与人类生活的和谐共生，体现了诗意栖居与生态美的完美融合。

第二节　传统建筑风格的发展与演变

一、原始社会建筑具有代表性的建筑类型

（一）北方地区建筑类型的发展

在北方地区，古代建筑类型经历了多个阶段的演变和发展，反映了当地人民对生存环境的不断适应和技术水平的提升。

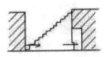

图 2-1　北方地区建筑类型的发展

1. 穴居

穴居是北方地区古代人民最早的居住形式之一。人们利用土地的自然洞穴或者人工挖掘的洞穴来居住，以抵御严寒和恶劣的自然环境。这种建筑形式简单朴素，但具有较好的保温和防护效果。

2. 半穴居

随着生产力的提高和社会发展，人们逐渐开始将洞穴改造成半地下式的居所，即半穴居。在这种建筑形式中，人们在地面上建造一部分房屋结构，然后利用地势挖掘半地下的空间作为居住空间，以满足日常生活的需求。

3. 靠山窑和平地窑

随着农业生产的发展和人口的增加，人们开始采用靠山窑和平地窑这种建筑形式。靠山窑是在山坡或山脚下建造的房屋，利用山体的自然形态作为房屋的一部分，具有良好的防护效果。而平地窑则是在平地上建造的房屋，多采用土坯或砖瓦等材料，结构简单但稳固耐用。

4. 木骨泥墙房屋

木骨泥墙房屋是北方地区古代建筑的发展高峰。这种建筑形式采用木材作为主要的骨架结构，再用泥土、石灰等材料填充间隙，形成墙体。这种建筑结构既具有良好的保温性能，又具备一定的抗震和防火能力，是古代北方地区建筑技术的重要成就。

（二）南方地区建筑类型的发展

南方地区的建筑类型也经历了丰富多样的发展历程，反映了当地人民对自然环境的深刻理解和建筑技术的不断创新。

图 2-2　南方地区的建筑例图

1. 巢居

巢居是南方地区古代人民最早的居住形式之一。人们利用树木、竹子等天然材料搭建简易的居所，以适应湿润多雨的气候环境。这种建筑形式简单朴素，但具有良好的通风和遮阳效果。

2. 干栏式建筑

随着社会生产力的发展，南方地区的建筑形式逐渐演变为干栏式建筑。这种建筑形式采用木材或竹子等材料作为主要结构，再用茅草、竹篾等材料覆盖屋顶，形成独特的建筑风格。干栏式建筑在防水、透气和保温等方面具有较好的性能。

（三）浙江余姚河姆渡建筑遗址

浙江余姚河姆渡建筑遗址作为中国历史上最早采用榫卯技术的建筑遗址之一，承载着古代中国人民在建筑领域的创新精神和工艺水平。这一遗址位于浙江省余姚市河姆渡镇，是中国新石器时代的文化遗址。

榫卯技术作为一种古老而精湛的木结构连接技术，通过凸榫和凹榫相互嵌合，实现了建筑结构的稳固和耐久。这种技术的应用不仅提高了建筑物的结构强度，还使得建筑在地震等自然灾害中具备了一定的抗击能力，为古代建筑技术的发展作出了重要贡献。

河姆渡遗址中的建筑结构多采用木材构架，并运用榫卯技术进行连接，构筑出了稳固耐用的房屋和建筑物。这些建筑不仅在结构上具备了出色的性能，还反映了古代人们对于建筑工艺的精益求精和不断探索的精神。同时，河姆渡遗址中的建筑布局和结构形式也反映了当时社会生活的特点和人们的生活习惯，为我们了解古代社会和文化提供了珍贵的实物资料。

除了建筑结构的精湛工艺外，河姆渡遗址中还发现了大量的陶器、石器、玉器等生活和工具遗物，为我们研究古代人类社会的生产、生活、文化等方面提供了重要的线索和资料。这些遗物的发现不仅丰富了我们对于古代社会的认识，还为中国古代文明的发展历程提供了重要的实物证据。

二、奴隶社会建筑（夏、商、周和春秋）

（一）夏朝建筑特点与发展

夏朝作为中国历史上的第一个王朝，其建筑风格和技术的发展具有重要意义。夏朝时期，中国传统的院落式建筑群组合已经开始走向定型，而河南偃师二里头一号宫殿遗址则是至今发现的我国最早的规模较大的木架夯土建筑和庭院的实例之一。

在夏朝时期，建筑技术主要以木结构和夯土结构为主，而宫殿建筑则是夏朝建筑中的重要代表。夯土建筑是一种利用土壤夯实构筑而成的墙体结构，结合木架构造，具有良好的保温和防护性能。而在宫殿建筑中，多采用木架结构，以榫卯连接，展现出夏朝人民在建筑技术方面的先进水平和创造力。

此外，夏朝建筑的布局注重庭院式的设计，形成了中国传统的院落式建筑风格。庭院作为建筑群的核心，不仅起到了空间分隔和采光通风的作用，还体现了古代人们对生活的理想追求和审美情趣。夏朝建筑的发展为后世中国建筑的演变奠定了重要基础，成为中国建筑文化的重要组成部分。

（二）商朝建筑的演进与特点

商朝是中国历史上一个重要的古代王朝，其建筑风格和技术的发展在一定程度上延续了夏朝的传统，同时也展现出了新的特点和趋势。随着手工业的发展和生产工具的进步，商朝时期的建筑技术水平得到了显著提高。

在商朝时期，台基和"四阿顶"成为标准的建筑形式，房屋采用木骨架结构，逐渐形成了具有商代特色的院落群体。台基是一种用于承载建筑物的基础平台，而"四阿顶"则是指四根柱子支撑的屋顶结构，具有良好的承重性能和通风透气效果。

商代建筑在结构上更加稳固，同时也更加注重实用性和功能性。商代建筑的发展为商代社会的繁荣和文明进步提供了重要支撑，展现了古代中国人民对建筑艺术的追求和创新精神。

（三）西周建筑的等级制度和技术进步

西周时期是中国历史上的一个重要时期，其建筑风格和技术水平得到了进一步发展和提升。西周时期，周礼的出现对中国社会产生了重要影响，标志着中国的等级制度已经初步形成。从建筑的形式、色彩、装饰上都有相应的等级规定，体现了社会阶层的差异和地位的象征。

在建筑技术方面，陕西岐山凤雏村西周早期遗址的干栏式木架建筑是我国已知最早、最严整的四合院实例之一。干栏式建筑采用木质结构，采用榫卯连接，具有稳固耐用的特点。同时，瓦的发明也使得西周的建筑摆脱了"茅茨土阶"的简陋状态，瓦成为西周建筑上的突出成就，为建筑的防水、保温和装饰提供了新的可能性。

在西周中晚期，出现了柱头坐斗，这一特殊的建筑装饰形式从铜器"令"上发现，体现了西周时期的建筑技术水平和装饰艺术的发展。

（四）春秋时期的建筑发展与技术进步

春秋时期是中国历史上一个重要的时期，其建筑风格和技术水平得到了进一步提升和发展。此时期铁器、瓦已经普遍使用，建筑材料和工艺水平得到了显著提升。春秋时期出现了理论著作《周礼·考工记》，对建筑技术和规范进行了系统总结和归纳。

在春秋时期的建筑中，出现了空心砖等新型建筑材料的使用，为建筑结构的轻质化和保温性能提供了新的可能性。同时，大量兴建高台建筑也成了时代的特征之一，这反映了当时社会的繁荣和文化的发展。据传，著名的木匠公输般（鲁班）就是春秋时期出现的匠师，他的出现标志着春秋时期建筑技术的进步和匠人的地位得到了进一步提升。

铁器的普及使得春秋时期的建筑材料更加多样化和耐久，同时也推动了建筑技术的发展。铁器的使用不仅改善了建筑工具，还提升了建筑结构的稳固性和耐久性。同时，铁器的锻造和铸造技术的进步也为建筑装饰和雕刻提供了更多可能性，丰富了建筑的艺术表现形式。

在春秋时期的建筑中，高台建筑的兴起和空心砖等新型建筑材料的使用，体现了人们对居住环境安全性和舒适性的追求。高台建筑的兴起既是对自然灾害的一种防范，也反映了当时社会等级制度的存在和等级差异的加剧。而空心砖的使用，则为建筑结构的轻便化和保温性提供了新的解决方案，提高了建筑的舒适性和使用效率。

三、封建社会前期建筑（战国至南北朝时期）

（一）战国

在战国时期，中国的建筑技术呈现出了一定的发展趋势，反映了当时的社会和文化特点。其中，木椁建筑的出现展示了当时木工技术的高度成熟和多样化。木椁是一种采用榫卯连接的木质结构，其制作精确、形式多样，这些特点反映了当时木工技术的水平已经相当高。

《墨子》中记述了城门、城墙、城楼、角楼、敌楼等建筑的设置原则和建造方法。这些叙述为我们提供了宝贵的建筑史料，揭示了战国时期人们对于城防建设的重视程度和工程技术水平。通过这些叙述，我们可以了解到当时人们对于城市防御设施的规划和建造是相当系统和科学的，这也反映了当时社会政治稳定的重要性。

另一方面，《考工记·匠人营国》中记载了各级城道的规模和对城高的限制规定。尽管有这样的规定，但实际上各国在竞争中仍然竞相修筑高城，这些规定并未得到严格遵守。这反映了当时诸侯国之间的军事竞争激烈，城防建设的重要性不言而喻。即使有规定，但为了防御和军事需要，各国还是会尽可能地加固城墙和城楼，这也说明了当时战国时期的社会动荡和战争频发的现实。

（二）秦朝

秦朝是中国历史上一个重要的时期，以秦始皇统一全国、建立统一的中央集权制度而闻名。在秦始皇的统治下，不仅统一了货币、度量衡和文字，还采取了一系列措施来加强对全国的控制和统一管理。

秦始皇将六国诸侯和富豪十二万户迁往咸阳，这是为了加强对地方的控制，集中精力建设秦朝的政治中心。咸阳成为秦朝的都城，其布局独特，摒弃了传统的城郭之制。在渭水南北范围内广阔的地区，秦始皇建造了许多"离宫"，使得国家的政治中心更加庞大和壮观。

其中，阿房宫是秦始皇最为著名的建筑之一。它的规模宏大，据史料记载，其留下的夯土台东西约 1 公里，南北约 0.5 公里，后部残高约 8 米。阿房宫的建造充分展示了秦朝在建筑工程方面的雄伟气势和高超技术，为后世的宫殿建筑提供了宝贵的参考。

另外，骊山陵（即秦始皇陵）也是秦始皇统一中国后兴建的一项重要工程。1974 年，在骊山陵的东侧发现了大规模的兵马俑队列的埋坑，这些兵马俑成为世界上著名的文化遗产，展现了秦朝时期在墓葬建筑方面的辉煌成就。

秦朝在建筑工程方面取得了重大成就，其雄伟的宫殿和陵墓建筑为后世的建筑文化留下了深远的影响。秦始皇统一全国后的建筑活动不仅彰显了国家的强大和统一，也体现了当时社会生产力的高度发展和文化水平的提升。

（三）汉朝

在中国古代建筑史上，汉代是一个极为重要的时期，其建筑技术和艺术成就对后世产生了深远的影响。汉代处于封建社会的上升时期，社会生产力的发展推动了建筑业的繁荣，使得建筑在技术和艺术上都取得了显著进步。

1. 木架建筑的成熟

汉代木架建筑的成熟是该时期建筑技术的重要里程碑。通过对木材的巧妙组合和构造，汉代建筑师们创造出了叠梁式和穿斗式两种常见的木结构。这些结构不仅在实用性上得到了验证，而且在后世的建筑中广泛应用，成为中国传统建筑的基石之一。斗拱作为汉代木架建筑的显著特征，被广泛运用于建筑的支撑结构中，展现了汉代建筑工匠的高超技艺。

2. 砖石建筑的发展

汉代的砖石建筑也取得了长足的发展。砖墓、崖墓和石墓等形式丰富多样，其中以砖墓为主要类型。汉代利用各种形状的空心砖，如条形砖、楔形砖、企口砖等，砌筑墓室，展现了高超的制砖技术。而崖墓和石墓则体现了汉代建筑在利用自然地形和石材方面的独特见解。尤其是石拱券墓的砌法与砖拱券墓相似，表现出汉代建筑工匠在石材加工和构造方面的高超技艺。

3. 都城建设与墓室风格

汉代大规模兴建都城和宫殿，其中以长安为代表。遵循里坊制的规划方式，这些都城展现了汉代建筑规模宏大的一面。在墓室建设方面,西汉墓室以砖墓为主,其中穹隆顶墓多为方形截锥体土阜,展现了汉代墓室建筑的特色和风格。

4.技术与艺术相结合

汉代建筑技术的发展不仅体现在实用性上,更体现在艺术性和审美价值上。例如,屋顶形式的多样化,不仅有悬山顶和庑殿顶的普遍应用,还出现了攒尖、歇山、囤顶等形式,展现了汉代建筑在屋顶设计上的丰富创意。这些技术与艺术的结合,使得汉代建筑作为一个独特的体系得以基本形成。

(四)三国、魏晋、南北朝

这一时期,在建筑上不及两汉期间有那么多的创造和革新,基本上是继承和应用汉的成就,最突出的建筑类型是佛寺、佛塔和石窟。

1.佛寺建筑

(1)北魏洛阳的永宁寺

永宁寺是北魏时期在洛阳兴建的一座重要佛寺,其规模宏大,建筑风格典雅。由于是由皇室兴建的,因此享有极高的盛名。该寺采用四面辟门的布局,中间置塔,后设佛殿,形成了塔、殿、廊相互呼应的建筑格局。这种布局以塔为主要崇拜对象,体现了佛教在当时社会中的重要地位。永宁寺的建筑风格体现了北魏时期的建筑特色,其建筑结构稳固,雕刻精美,展现了当时建筑工匠的高超技艺。

(2)"舍宅为寺"的风尚

在北魏洛阳等地,有许多佛寺是由贵族官僚的私人宅邸改建而成的,这体现了当时社会对佛教的信仰热情以及贵族阶层对佛教的支持。这种"舍宅为寺"的风尚不仅是一种宗教信仰的表达,更反映了社会政治和文化的变迁,使得佛教建筑在当时社会中扮演了重要的角色。

2.佛塔建筑

佛塔最初是用来埋藏舍利供佛徒礼拜的,源自印度的stupa,后经过演变,成为塔刹,成为佛教建筑的重要形式之一。在传入中国后,佛塔的形式经历了从舍利塔到楼阁式木塔的演变过程,这种变化不仅体现了建筑技术的进步,也反映了佛教在中国的传播和发展。

北魏时期在洛阳等地兴建了许多佛塔,其中以永宁寺的佛塔为代表。这些佛塔通常建筑在佛寺的中心，作为佛教信仰的象征，为佛徒提供了礼拜和朝拜的场所。这些佛塔在建筑风格上继承了印度和中亚地区的传统，但也融合了中国本土的建筑特色，体现了文化交流和融合的特点。

3.石窟寺建筑

（1）石窟寺的起源和特点

石窟寺是从山崖上开凿出来的洞窟型佛寺，是中国古代建筑的独特形式之一。其建筑方式与传统的佛寺有所不同，更多地利用了自然地形，展现了古代建筑工匠的智慧和技艺。汉代已经有大量崖墓，掌握了开凿岩洞的施工技术，为石窟寺的兴建提供了技术基础。

（2）石窟寺的分类及布局

石窟寺可以分为塔院型、佛殿型和僧院型三种类型。塔院型以塔为中心，佛殿型以佛像为主要内容，僧院型主要供僧人修行之用。这些石窟寺的布局精巧，结构严谨，体现了古代建筑师对空间利用和布局的深刻理解，同时也反映了佛教在社会生活中的重要地位和影响力。

四、封建社会中后期（隋、唐、宋、元、明、清）

（一）隋代建筑

在隋代的建筑史上，安济桥是一座引人瞩目的杰作。位于河北赵县的这座石拱桥不仅规模宏大，更是古代石建筑的珍品之一。其巨大的跨度和壮观的设计，彰显了隋代建筑工匠在石结构建筑领域的精湛技艺，同时也反映了隋代工程建设的雄伟气势和高超的技术水平。安济桥的建成，不仅极大地促进了当地交通运输的发展，也为后世的桥梁建设提供了宝贵的经验和参考。

首先，安济桥之所以成为隋代建筑的代表之一，源于其规模和结构的壮观。这座桥以28道石券并列而成的大拱为特色，跨度达到了惊人的37米，拱矢高度更是达到了7.24米，在当时堪称一大壮举。这种敞肩拱桥的设计，为当时的桥梁建设树立了一个新的标杆，体现了隋代工程技术的先进性和创新性。

其次，安济桥的建造背后，折射出了隋代建筑工匠们的精湛技艺。在缺乏现代机械和技术支持的情况下，他们依靠纯手工劳动以及丰富的经验和智慧，完成了这一壮举。石材的切割、运输和搭建都需要极高的技术和组织能力，而安济桥的建成则是这些技艺的集大成者，展现了隋代建筑工匠们的无尽智慧和勇气。

最后，安济桥的建成对当地的交通运输产生了深远的影响。作为一座重要的交通枢纽，安济桥的建成极大地促进了赵县及周边地区的经济发展和文化交流。隋代的安济桥成为历史上一道璀璨的风景线，不仅为人们提供了便捷的交通条件，也成了当地繁荣兴盛的象征之一。

（二）唐代建筑

1.唐朝宫殿建筑

唐朝时期，宫殿建筑展现了规模宏大、布局严谨的特点，成为封建社会皇权至上和佛教崇尚的象征。长安作为当时的政治、文化和宗教中心，承载着唐代宫殿建筑的辉煌与完美。主殿如含元殿等规模宏大，建筑结构稳固，精湛的建筑工艺在其中得以展现。

（1）宏大的规模与严谨的布局

唐朝宫殿建筑的规模之大，体现了封建社会皇权至上的特征。宫殿建筑布局严谨有序，每一座建筑都经过精心规划，体现了政治权力的控制和秩序的维护。主殿如含元殿等建筑规模宏大，气势恢宏，展现了唐代皇家权力的强大和尊严。

（2）典雅的建筑风格

唐朝宫殿建筑的风格典雅，注重建筑的比例和对称，体现了中国古代建筑艺术的精髓。建筑结构稳固，雕梁画栋，彩绘斗拱，装饰繁复，体现了唐代建筑工艺的精湛水平。宫殿内部的设计布局考究，体现了皇家家族的尊贵地位和文化品位。

（3）文化传承与创新发展

唐代宫殿建筑不仅传承了中国古代建筑的传统，更在此基础上进行了创新发展。长安城的宫殿建筑融合了中原文化与外来文化的精华，形成了独具特色的唐代建筑风格。这些建筑不仅是政治和宗教权力的象征，也是中国古代建筑艺术的杰作，为后世留下了宝贵的文化遗产。

2.唐代砖石建筑

唐代是中国砖石建筑发展的重要时期，其砖石建筑在规模和数量上达到了新的高度，同时在形式和风格上呈现出多样化和创新性。在唐代，砖石材料的加工技术逐渐成熟，为砖石建筑的兴盛打下了坚实的基础。

（1）砖塔的形式多样

唐代的砖塔形式多样，主要包括楼阁式、密檐式和单层塔等类型。这些塔在结构和外观上都展现了唐代建筑的设计创新和工艺水平。楼阁式塔多层叠加，气势宏伟，体现了唐代建筑的豪华和富丽；密檐式塔外观简洁，采用砖石材料的密集搭建，展现了唐代建筑的精细和工艺技巧；单层塔结构简洁，形式古朴，体现了唐代建筑的朴素和自然之美。

（2）创新与发展

唐代砖塔的建筑风格体现了唐代建筑在设计和装饰上的创新和发展。在建筑结构上，砖塔采用砖石材料的精细加工，构造稳固，形成了独特的建筑风格。在装饰方面，砖塔采用彩绘、斗拱等装饰手法，营造出华丽而典雅的氛围，展现了唐代建筑艺术的辉煌和多样性。

（3）技术与工艺

唐代砖石建筑的兴盛得益于砖石材料加工技术的发展和工艺水平的提高。在唐代，砖石的制作工艺逐渐成熟，砖块的大小、形状和质地得到了大幅提升，使得砖石建筑的结构更加稳固，外观更加美观。此外，唐代砖石建筑的施工工艺也日臻完善，工匠们通过不断地实践和总结，掌握了丰富的建筑经验，为唐代砖石建筑的发展提供了坚实的保障。

（三）宋朝

城市结构和布局起了根本变化，木架建筑采用了古典的模数制。建筑组合方面，在总平面上加强了进深方向的空间层次，以便衬托出主体建筑，建筑装修和色彩有很大发展，砖石建筑水平达到新的高度。

1. 宋代城市结构与建筑特点

宋代是中国建筑史上的重要时期，其城市结构和建筑特点呈现出了与前代截然不同的风貌。在宋代，城市结构和建筑风格发生了根本性的变化，体现了社会经济和文化的发展水平。

（1）城市结构的变化

宋代城市结构在布局和规划上发生了重大变化。采用古典的模数制，建筑物的布局更加有序，道路更加宽敞，城市规划更加合理。建筑组合加强了进深方向的空间层次，使得城市建筑呈现出更为立体的美感和空间感。城市的繁荣和发展促进了商业活动和文化交流的兴盛，城市成为文化艺术的中心。

（2）建筑装修与色彩的发展

宋代建筑的装修和色彩方面取得了重大进展。建筑装饰更加精美，采用了更为丰富的装饰手法，如雕刻、彩绘等，使得建筑更加华丽和富丽堂皇。同时，宋代建筑对于色彩的运用也更加讲究。通过搭配和搭建，使得建筑在色彩上更为和谐统一，体现了宋代人民对于生活品质和审美追求的提高。

（3）砖石建筑的兴盛

宋代砖石建筑水平达到了新的高度，成为建筑史上的重要篇章。砖石建筑在结构上更加稳固，外观更加美观，体现了宋代建筑工艺水平的精湛和技术的成熟。砖石建筑的兴盛不仅改变了建筑风格，也促进了建筑材料加工技术和工艺的发展，为后世的建筑工程提供了宝贵的经验和借鉴。

（4）技术与艺术的结合

宋代建筑的特点在于技术与艺术的结合。宋代建筑工匠们在不断地实践中探索出了独特的建筑风格和装饰手法，使得建筑不仅具有实用功能，更具有艺术价值。宋代建筑在技术上的精湛和艺术上的创新，为中国古代建筑的发展和传承作出了重要贡献，成为中国建筑史上的重要时期。

2. 宋代塔的建筑特色

宋代是中国建筑发展的重要时期，其塔楼建筑在砖石材料的运用、结构形式和装饰风格方面都呈现出独特的特色。

（1）砖石材料的精细加工

宋代塔以砖石为主要建筑材料，砖石材料的加工工艺在这一时期逐渐趋于精细。通过对砖石的精心加工和砌筑，塔楼的结构更加坚固稳定，外观更加精致美观。特别是砖石的切割、雕刻和磨光等工艺的运用，使得塔楼呈现出细腻的质感和精湛的工艺水平。

（2）结构形式的创新

宋代塔的结构形式主要包括楼阁式塔、密檐式塔和单层塔等类型。楼阁式塔是典型的宋代建筑风格，多层楼阁式的结构使得塔楼在视觉上更加宏伟壮观。密檐式塔则采用了多层重叠的檐口设计，使得塔的顶部线条更加丰富多变。而单层塔则简洁明快，结构稳固，是宋代建筑中的另一种表现形式。

（3）装饰风格的发展

宋代塔在装饰风格上也表现出了独特的特点。塔身常常采用雕刻、浮雕、彩绘等装饰手法，表现出华丽和精美的艺术效果。尤其是在檐口、门窗、墙面等部位的装饰，常常运用各种图案和题材，展现了宋代建筑艺术的高度成就和审美追求。

（四）元、明

1.元代砖石建筑的普及与发展

（1）砖石建筑的普及

元代是中国砖石建筑普及和发展的时期。在这一时期，砖石建筑得到了广泛应用，不仅用于官方建筑，还普及到了居民建筑中。砖石的使用使得建筑更加坚固耐用，同时也提高了建筑的美观性和装饰性。

（2）琉璃面砖与琉璃瓦的广泛应用

元代，琉璃面砖、琉璃瓦在建筑中的应用更加广泛。这种彩色的琉璃砖瓦不仅在建筑外观上起到了装饰作用，还具有防水、防腐、保温等功能，成为建筑装饰中的重要材料。

（3）木结构建筑的整体性加强

尽管砖石建筑得到了发展，但元代的建筑仍然离不开木结构。在木结构建筑方面，元代加强了整体性，使得建筑更加稳固。同时，官式建筑的装修、彩画、装饰等方面日趋定型化，体现了元代建筑在技术和艺术上的进步和创新。

2.明代宫殿建筑与宫庙建筑

（1）明代宫殿建筑

明代宫殿建筑规模宏大，建筑风格典雅，体现了严格的宫殿制度。北京的紫禁城是明代宫殿建筑的典型代表，其建筑规划严谨，结构宏伟，是中国古代建筑的瑰宝之一。明代宫殿建筑不仅在规模上令人震撼，而且在建筑技术和艺术上也达到了较高水平，为后世建筑的发展奠定了基础。

（2）明代坛庙建筑

明代的坛庙建筑体现了严格的规制和制度。例如，社稷坛展现了明代宗教建筑的规制和宗教仪式的严肃性。这些坛庙建筑不仅在建筑结构上体现了特定的布局和设计，而且在装饰、彩绘等方面也表现出明显的特色，为当时社会的

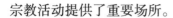

宗教活动提供了重要场所。

（五）清朝

园林达到极盛期，藏传佛教建筑兴盛，住宅建筑丰富多彩，简化单体设计，提高群体与装修设计水平。

1. 清朝园林与建筑特色

（1）园林艺术的极盛期

清朝是中国园林艺术的极盛期，不论是皇家园林还是私家园林，都达到了极高的艺术水平。特别是江南园林，代表着中国封建社会后期园林发展史上的一个高峰。这些园林在设计布局、建筑装饰、植物配置等方面都体现了中国古典园林的精髓，成为中华园林文化的瑰宝。

（2）藏传佛教建筑的兴盛

清朝时期，藏传佛教在中国得到了充分的发展，佛教寺庙建筑在西藏和内地兴盛。其中，西藏拉萨布达拉宫是最具代表性的建筑之一，其建筑规模宏大，气势恢宏，是藏传佛教的圣地之一，也是中国古代宫殿建筑的杰作之一。

（3）外八庙与蒙藏贵族朝觐之地

清朝时期，在承德避暑山庄附近建造了外八庙，这是一组由十一座佛寺组成的建筑群。这些喇嘛庙作为蒙藏等少数民族贵族朝觐之用，不仅是宗教场所，也是政治、文化交流的重要场所，展现了清代多民族文化的交融和共生。

2. 技术与艺术特色

（1）无梁殿的出现

明代出现了用砖拱砌成的无梁殿，这一建筑形式在清代得到了进一步的发展和应用。无梁殿不仅结构稳固，而且具有简洁美观的特点，成为清代建筑中的重要形式之一。

（2）《清工程做法》的制定

清代建筑走向了规范程式化，体现在清工部《工程做法则例》一书中，列举了27种单体建筑的大木做法，并对各种建筑材料和装修方式进行了规定，加快了设计速度与施工进度，推动了建筑工程的发展。

（3）斗拱结构的简化与梁柱构架的加强

在清代建筑中，斗拱的结构作用逐渐减少，梁柱构架的整体性得到加强，构件卷杀也得到了简化。这些变化使得清代建筑更加注重整体性和结构的稳固，体现了中国建筑技术的不断进步和创新。

第三节 历史时期对住宅建筑的影响

一、社会政治、经济、文化等因素对住宅建筑的塑造影响

（一）政治制度的变革

1. 封建社会下的贵族住宅

在封建社会中，贵族地位通常是社会等级制度的顶端，因此他们的住宅往往展现了极高的社会地位和奢华生活。这些贵族住宅在不同的文化和地域中呈现出多样的形式，但都共享着规模宏大、建筑精美、布局雄伟等特点。

第一，贵族住宅的规模往往是宏大的。在中国古代，贵族地位显赫的人通常拥有规模庞大的宫殿。这些宫殿通常坐落在广阔的土地上，占地面积广阔，建筑结构复杂，内部设施齐全。例如，明清时期的紫禁城是中国古代帝王的居所，占地面积庞大，建筑气势恢宏，是中国古代贵族地位的象征之一。在欧洲，贵族住宅的典型代表是城堡。这些城堡通常建立在战略位置上，具有防御性的建筑结构，包括城墙、塔楼和护城河等，不仅是贵族的居所，也是权力和地位的象征。

第二，贵族住宅的建筑精美，体现了高超的建筑技术和艺术水平。无论是中国的宫殿还是欧洲的城堡，它们的建筑结构和装饰都经过精心设计和精湛工艺施工。在中国，宫殿的建筑常常采用木质结构，以榫卯连接，建筑雕梁画栋，装饰华丽，富丽堂皇。在欧洲，城堡的建筑通常采用石头和砖块等坚固材料，建筑风格多样，有哥特式、罗马式等，外墙装饰着浮雕、雕塑和壁画，展现了贵族的尊贵身份和审美追求。

第三，贵族住宅的布局雄伟，体现了权力与地位的象征。这些住宅通常包括主楼、庭院、花园、宴会厅、礼堂等多个区域，布局严谨有序，功能分区明确。在中国古代，宫殿的布局常常遵循着五行八卦的理念，寓意着吉祥和权力的稳固。而在欧洲的城堡中，通常会有内外两重城墙，内部设有多个庭院和花

园，以及宴会厅、宴客厅等，展示了贵族生活的奢华和繁荣。

2. 现代民主社会下的多样化住宅

随着民主政治的发展，住宅建筑的形态更加多样化。人们对于住宅的要求更加注重个性化和舒适性，体现了社会多元化的特点。

（二）经济发展的阶段

1. 农耕社会下的住宅

在农耕社会中，农民住宅往往简陋而朴素，主要注重实用性和经济性。这些住宅通常采用自然材料建造，布局简单，功能单一。

2. 工业化社会下的住宅

在现代民主社会中，随着社会的不断发展和变迁，人们对住宅建筑的需求和期待也日益多样化。相较于封建社会，民主社会的特点在于个人自由的增强，这使得住宅建筑的形态更加多样化，更加注重个性化和舒适性。

第一，多样化住宅反映了人们对个性化的追求。在民主社会中，个人的自由和权利得到了充分保障，人们不再受制于传统的社会等级和规范，因此对住宅的要求更加注重个性化。不同人群有着不同的生活方式、审美观和需求，因此住宅的设计和建造也变得更加多样化和灵活化。例如，在城市中可以看到各种各样的住宅形态，从传统的独立别墅到现代的公寓、联排别墅、复式住宅等，每种住宅都能够满足不同人群的需求和喜好。

第二，多样化住宅强调舒适性和功能性。在现代社会中，人们更加注重生活的舒适度和品质，住宅不仅仅是一个简单的居所，更是一个可以满足人们各种需求的生活空间。因此，现代住宅设计注重功能性和实用性，充分考虑到居住者的生活习惯、家庭结构和个人喜好。例如，现代住宅常常采用智能化技术，实现智能家居的概念，为居住者提供更加便捷、舒适的生活环境。

第三，多样化住宅还体现了对环境保护和可持续发展的关注。在现代社会中，人们对于环境问题和可持续发展有着更加深刻地认识和关注，因此现代住宅设计注重环保和节能。例如，现代住宅常常采用环保材料和节能设备，设计更加注重自然采光、通风和景观，以减少对自然资源的消耗和对环境的影响。

二、历史时期建筑风格变迁的原因与特点

（一）古代建筑风格的原因与特点

1.政治制度

古代建筑风格常受当时政治制度和信仰的影响。例如，古埃及的金字塔、中国的宫殿、希腊的神庙等，都反映了当时政治和信仰的特点。

2.技术水平与传统文化

古代建筑风格还受到当时技术水平和传统文化的影响。例如，古代希腊的多柱式建筑、古罗马的拱门建筑等，都反映了当时的技术水平和传统文化。

（二）中世纪建筑风格的原因与特点

1.城市化进程与基督教影响

中世纪建筑风格逐渐向城市和民间建筑发展，同时受到基督教的影响。例如，哥特式建筑的出现，体现了基督教信仰的建筑风格。

2.地域文化与社会阶级

中世纪建筑风格还受到地域文化和社会阶级的影响。例如，欧洲的城堡建筑、防御性建筑等，反映了当时的地域文化和社会阶级的特点。

（三）近现代建筑风格的原因与特点

1.科技进步与工业化发展

近现代建筑风格的演变受到了科技进步和工业化发展的深刻影响，这些因素对建筑行业产生了革命性的影响，从建筑材料到建筑结构，再到建筑设计和功能性，都发生了巨大的变革。

第一，科技进步和工业化带来了新型建筑材料的广泛应用。钢筋混凝土结构成为近现代建筑的主要结构形式之一。相比传统的砖石结构，钢筋混凝土具有更高的强度和耐久性，同时施工速度更快，使得建筑工程更加高效。此外，玻璃、钢铁、铝合金等现代材料的广泛应用，为建筑的外立面和内部装饰提供了更多的可能性，使得建筑外观更加多样化、现代化。

第二，科技进步促进了建筑结构的创新与发展。现代建筑结构趋向于简洁、轻盈、透明，体现了科技力量对建筑设计的影响。例如，钢结构的应用使得建筑更具空间感和开放性，能够实现大跨度的建筑设计，同时减少了对建筑内部

空间的障碍。此外，新型的建筑结构设计理念，如空间桁架、索结构、双曲面结构等，使得建筑更具创意和艺术性，满足了人们对建筑美学的不断追求。

第三，科技进步对建筑功能性和智能化设计提出了更高的要求。现代建筑不仅要求外观美观，更注重功能性和舒适性。科技的发展使得建筑可以实现更高效的能源利用、智能化的控制系统、自动化的设备等，提升了建筑的环境适应性和可持续性。例如，智能化系统可以实现建筑内部温度、湿度、光照等环境参数的实时监测和调节，从而提供更加舒适的居住和工作环境。

2. 人文主义与文化交流

近现代建筑风格的塑造不仅受到科技进步和工业化发展的影响，还深受人文主义思想和文化交流的影响。人文主义强调人的尊严、价值和自由，倡导人文关怀、环境保护以及社会责任，这些理念在现代建筑中得到了广泛体现。

第一，人文主义思想影响了建筑的设计理念和空间规划。现代建筑常常注重提升居住者和使用者的舒适感和幸福感，强调建筑与自然环境的融合以及对人类生活的积极影响。建筑师通过人性化的设计手法和创新的空间布局，创造出更加宜居、宜人的建筑环境，为人们提供了更加美好的生活体验。例如，在城市规划和建筑设计中，人文主义理念促使建筑师注重公共空间的规划和设计，打造出多样化、开放式的社区和城市公共场所，为居民提供交流互动的平台，增进社区凝聚力和社会和谐。

第二，人文主义思想激发了建筑对历史文化的尊重和保护。现代建筑在设计中常常融入当地传统文化和历史遗产，注重保护和传承历史文化的精髓和特色。建筑师通过对当地文化、民俗和建筑风格的深入研究，将传统元素融入现代建筑设计中，赋予建筑更深层次的文化内涵和历史意义。这种文化传承的做法不仅丰富了建筑的形式和内容，也增强了人们对历史文化的认同感和自豪感，促进了文化的多样性和交流。

第三，文化交流对于建筑风格的形成和发展具有重要影响。现代建筑常常融合了来自不同文化背景和传统的元素，形成了多样化、跨文化的建筑风格。文化交流促进了建筑设计的创新和多样性，丰富了建筑形式和风格，拓展了建筑的艺术表达和内涵。例如，东西方文化的交流与融合，使得现代建筑在设计风格上呈现出了独特的东西方结合之美，展现了跨文化交流的丰富魅力。

第三章 社会、文化与住宅建筑

第一节 社会变革与居住需求的演变

一、社会变革对居住需求的影响及其反映在建筑中的体现

（一）社会结构调整与居住方式变化

1.城市化进程推动了居住方式的演变

随着城市化进程的不断加速，城市已成为人们生活和工作的中心。这一转变不仅影响着城市的人口密度，也深刻地改变了人们的居住方式和建筑形态。城市化进程所带来的影响在建筑中得到了直观体现，反映了城市人居住方式的演变和现代化趋势。

第一，城市化导致了农村人口大规模向城市转移，加速了城市人口的增长。这种人口拥入使得城市的人口密度逐渐增加，传统的居住方式逐渐无法满足城市居民的需求。因此，城市开始出现了高度集中的居住模式，住宅建筑的密集化和垂直化成为城市发展的主要趋势。高楼大厦作为城市居住的主要形式迅速崛起，不仅节省了城市土地资源，还为城市人口提供了更多的居住选择。

第二，城市化进程加速了城市的现代化建设和基础设施建设。随着城市规模的不断扩大，城市建设逐渐呈现出现代化的特征，如大规模的城市规划、现代化的交通网络和便利的城市配套设施等。这种现代化建设对城市居住方式的演变产生了深远的影响，促进了住宅建筑的更新换代和功能的多样化发展。

第三，城市化还催生了城市社区化的发展趋势。随着城市人口的增加和社会生活的多样化，人们对于社区生活的需求日益增加。因此，在城市化的进程中，城市社区成为人们生活的重要载体，住宅建筑开始向着小区化、社区化的

方向发展。城市社区不仅提供了居民生活所需的基础设施和公共服务，还促进了居民之间的交流和互动，增强了社会凝聚力和归属感。

2. 经济发展对居住需求的影响

随着经济的不断发展和社会的进步，人们对居住环境的需求也在不断提升。经济的繁荣为人们提供了更多的选择和更高的生活品质，因此，他们对于住房的期望也不再局限于简单的居住功能，而是追求更加舒适、便利和环保的居住环境。这种变化对建筑设计提出了新的挑战和要求，促使建筑行业不断创新和改进，以满足人们对于居住品质的追求。

第一，经济发展提高了人们的生活水平，增加了他们对于居住环境品质的期待。随着收入水平的提高，人们的消费观念也发生了变化，他们更加注重生活质量和舒适度。因此，他们对于住房的要求也从简单的居住功能逐渐转变为追求舒适、宜居的生活空间。这种需求的提升直接促使了建筑设计的转变，设计师开始将更多的关注点放在了居住环境的舒适性和人性化上，注重设计细节和空间布局，以提升居住体验和生活品质。

第二，经济的发展使得人们更加关注居住环境的便利性和智能化程度。随着科技的进步，智能化、便捷化的居住方式逐渐成为人们的新选择。人们希望住房能够配备智能化的家居设备和便捷的生活服务，以提升生活的便利性和效率。因此，现代建筑设计中越来越多地融入了智能科技元素，如智能家居系统、智能安防系统等，以满足人们对于居住环境智能化的需求。

第三，经济的发展也促进了人们对居住环境的环保意识的增强。随着环境污染和资源浪费等问题的日益突出，人们开始更加关注可持续发展和环保生活方式。因此，在建筑设计中，越来越多地采用了环保材料和节能技术，注重建筑的节能环保性能，以减少对环境的负面影响，实现建筑与自然的和谐共生。

（二）城市化、工业化等因素对居住形态的改变

1. 城市化对建筑形态的影响

随着城市化的加速，城市土地资源的紧张程度不断加剧，这促使了建筑形式的转变和演进。传统的独立住宅逐渐被集体住宅所取代，公寓楼和高层建筑成为主要的居住形式。这种转变不仅是为了节省土地资源，更是为了适应城市人口密集的居住需求，以及提供更加便捷、舒适的居住环境。

第一，城市化进程加速了土地资源的紧张，迫使人们转向更加集约利用土地的住宅形式。在城市中，土地的供给有限，而人口的增长却是持续不断的，这导致了城市住房的需求量不断增加，土地资源供不应求。因此，为了充分利用有限的土地资源，公寓楼和高层建筑成为不可避免的选择。这种集体住宅的建筑形式可以有效地节省土地面积，实现更高的人口密度，以满足城市居民的居住需求。

第二，城市化带来了居住方式和生活方式的变化，进一步促使了建筑形态的演进。随着城市化的推进，人们更加倾向于集中居住在城市中心地区，便于就业、教育和娱乐等方面的开展。这种集中居住的趋势使得高层建筑成为更加受欢迎的住宅选择，因为它们可以提供更多的住房单位，满足大量人口的居住需求。同时，高层建筑还可以提供更多的公共空间和配套设施，如停车场、商店、健身房等，为居民提供更加便捷和舒适的生活环境。

第三，城市化也催生了新型的建筑技术和设计理念，推动了建筑形态的创新和发展。为了适应城市化进程中的挑战和需求，建筑师和设计师不断探索新的建筑材料、结构和技术，以实现高层建筑的安全、舒适和节能。同时，他们也在建筑设计中融入了更多的现代元素和理念，注重建筑的美观性和功能性，以提升居住体验和城市形象。

2. 工业化对建筑技术的影响

工业化对建筑技术的影响是深远而显著的，它彻底改变了建筑行业的面貌，推动了建筑技术的飞速发展和创新。工业化的发展使得建筑材料的生产和加工过程更加工业化和标准化，这不仅提高了建筑材料的质量和稳定性，也大大提高了建筑的施工效率和质量。

第一，工业化的发展推动了建筑结构的革新和变革。传统的建筑结构主要依赖于木材等自然材料，受到材料本身的限制，建筑的高度和结构相对较为单一和局限。而随着工业化的进程，钢结构和混凝土结构等新型建筑材料得到了广泛应用，这使得建筑结构更加坚固耐用，也更加灵活多样。钢结构的轻量化和强度高，使得建筑可以实现更大跨度和更高高度的设计，而混凝土结构的可塑性和耐久性，则为建筑的形态提供了更多可能性。因此，工业化的发展使得建筑结构更加多样化和富有创意，为建筑设计师提供了更广阔的空间和更丰富的想象力。

第二，工业化的发展推动了建筑施工技术的进步和提升。工业化生产的建筑材料具有更高的标准化和统一性，这使得施工过程更加简化和高效。自动化设备和机械化施工的应用，大大提高了施工效率和质量，减少了人力资源的浪费和损耗。同时，工业化的发展也催生了新型的建筑施工技术，如预制构件和模块化建筑等，这些新技术使得建筑施工更加快捷和灵活，也更加环保和节能。

第三，工业化的发展也促进了建筑设计和工程管理的现代化。计算机辅助设计（CAD）和建筑信息模型（BIM）等数字化技术的应用，使得建筑设计更加精确和高效。同时，现代化的工程管理技术和方法，如精益施工和项目管理等，也为建筑施工提供了更科学和有效的管理手段，确保了建筑工程的顺利进行和质量控制。

二、城市化、工业化等因素对居住形态的改变

（一）城市化对居住形态的影响

1.城市化带来的土地利用变化

随着城市人口的不断增长和经济的迅速发展，土地利用的变化成为不可避免的问题。城市化所带来的土地利用变化不仅是表面上的建设活动，更是涉及社会、经济、环境等多个领域的复杂问题。在这个过程中，土地资源的有效利用和可持续发展成为亟待解决的核心议题。

第一，城市化带来的土地利用变化主要体现在土地的功能转变上。传统上，土地主要被用于农业生产和自然生态系统的维持，但随着城市化的推进，大量土地被转变为城市基础设施和居住用地。这种功能转变导致土地利用结构的根本性改变，同时也对农业生产和生态环境造成不可逆转的影响。因此，如何在城市化过程中实现土地功能的合理转换，成为当前城市规划和土地管理中的重要挑战之一。

第二，城市化对土地资源的稀缺性造成严重影响。随着城市人口的增加和城市规模的扩大，土地资源日益稀缺化成为制约城市可持续发展的主要因素之一。土地的稀缺性不仅导致土地价格的不断上涨，也加剧城市内部的土地使用竞争。在这种情况下，如何合理配置有限的土地资源，平衡城市发展的需求与土地资源的供给，成为城市规划和土地管理的重要课题。

第三，在城市化过程中，土地利用的不合理性导致土地资源的浪费和环境

问题的加剧。在一些城市中，由于规划不周或者管理不善，大量土地被闲置或者低效利用，导致土地资源的浪费和环境生态系统的破坏。此外，城市化过程中的土地开发和建设活动也常常导致土地退化、水土流失等环境问题的加剧，对城市可持续发展构成严重威胁。

2. 城市化带来的人口流动

人口从农村向城市的流动是城市化的重要表现之一，这种流动不仅改变了城市人口结构，也对城市的社会经济发展和城市空间布局产生深远的影响。

第一，城市化引发的人口流动加速城市人口的增长和集聚。随着城市化进程的推进，农村人口拥入城市，提高了城市人口的增长速度。这种人口流动不仅改变了城市的人口结构，也带来了城市经济的发展动力。大量的人口拥入为城市带来更多的劳动力资源和市场需求，推动城市经济的快速增长和城市功能的多样化发展。

第二，城市化带来的人口流动影响城市的空间结构和城市形态。随着人口的集聚，城市的人口密度增加，城市空间呈现出越来越集中的趋势。人口流动导致城市人口聚集区的形成，加剧城市中心区域的人口密集程度，同时也带动城市周边地区的快速发展。这种空间结构的变化不仅影响城市的交通运输和基础设施建设，也对城市的土地利用和城市规划提出新的挑战。

第三，城市化引发的人口流动对城市居住环境和居住需求产生重要影响。随着人口的拥入，城市居住需求不断增加，对住房的品质和数量提出更高的要求。人口流动加剧了城市住房市场的供需紧张，推动了房地产市场的快速发展。建筑设计需要更加注重城市居民的居住舒适性和便利性。通过创新设计和技术手段满足不断增长的住房需求，提高城市居民的生活质量。

（二）工业化对居住形态的影响

1. 工业化带来的城市规划与建筑结构变化

工业化作为现代化进程的核心组成部分，深刻地改变了城市的规划和建筑结构。随着工业化的推进，城市规模不断扩大，这对城市的规划和建筑结构提出新的挑战和机遇。

第一，工业化带来城市规模的扩大。在工业化进程中，城市成为工业生产的中心，吸引了大量的人口拥入城市，导致城市规模的不断扩大。这种规模的扩大意味着对城市空间的合理利用和规划需要的增多。为适应日益增长的人口和经济活动，城市规划需要更加科学和灵活，以确保城市的可持续发展和人民的生活品质。

第二，工业化引发建筑结构的变革。传统的砖木结构逐渐被钢筋混凝土结构所取代，这是工业化进程中一个重要的建筑技术革新。钢筋混凝土结构具有更高的强度和稳定性，使得建筑可以更高更大，同时也更加耐久和安全。建筑高度和建筑密度的增加，成为城市空间的一种新特征，这也反映了工业化对建筑结构和城市形态的深刻影响。

第三，工业化还带来城市中更多的工业厂房和商业设施。随着工业化的进程，城市中出现了大量的工业企业和商业设施，为城市居民提供了更多的就业机会和生活便利。工业厂房的建设促进了城市的工业化进程，为工人提供了就业机会，同时也为城市带来经济增长和发展动力。商业设施的增加则丰富了城市居民的生活选择，提高城市的文化和生活品质。

2. 工业化带来的居住环境污染问题

工业化的快速发展带来城市居住环境污染问题日益严重，这是一个严峻的挑战，直接影响着城市居民的生活质量和健康状况。工业排放和废气排放成为主要的污染源，对空气、水体和土壤造成严重的污染，给城市居民的生活带来不可忽视的影响。

第一，工业排放是导致城市居住环境污染的主要原因之一。随着工业化进程的推进，城市中大量的工业企业排放大量的废气、废水和固体废物，其中包含大量的有害物质和污染物。工业排放中的二氧化硫、氮氧化物、挥发性有机化合物等对空气质量造成直接影响，导致城市空气污染的加剧，影响居民的健康和生活品质。

第二，废水排放也是城市居住环境污染的重要来源之一。在工业生产过程中，产生的废水含有大量的有害物质和污染物，如果排放不当会直接进入城市的水体，导致水质的恶化和生态系统的破坏。废水中的重金属、有机物、化学物质等对水质造成严重污染，威胁城市居民的饮水安全和生活环境。

第三，在工业化过程中，产生的固体废物也给城市居住环境带来严重的污染问题。工业生产过程中产生的固体废物包括各种化工废料、废旧设备和工业垃圾等，如果处理不当会对土壤和环境造成严重的污染。固体废物中的有毒物质和有害化学物质对土壤质量和植被生长产生了不利影响，加剧了城市的土壤污染和环境生态系统的恶化。

第二节 文化认同与建筑形式

一、文化认同对建筑形式的塑造作用

（一）文化认同是建筑形式的重要塑造因素

1. 不同文化背景的审美观念差异

不同文化背景的审美观念差异在建筑领域中呈现出多样化和丰富性，反映了不同传统文化和价值取向的独特特征。这种差异不仅影响了建筑的设计和形式，还深刻地塑造了人们对建筑美感的理解和追求。

在东方文化中，审美观念强调内敛、平衡和谦逊，反映了东方文化对平衡与和谐的追求。这种观念在建筑设计中体现为对称、均衡和层次感的追求。例如，中国传统建筑常常采用对称的布局和层层叠起的檐口装饰，以表达对平衡和谦逊的追求。同时，东方文化注重人与自然的和谐共生，因此东方建筑常常与周围的自然环境相融合，体现"天人合一""山水相连"的理念。这种审美观念强调建筑与周围环境的融合和共生，体现了对自然和人文环境的尊重和崇敬。

相比之下，在西方文化中，审美观念更注重个性和自由，反映了西方文化对个体价值和自由意志的推崇。这种观念在建筑设计中体现为更加多样化和个性化的风格和形式。例如，欧洲的哥特式建筑强调线条的流畅和空间的高度，体现了对个性和创新的追求。此外，西方建筑注重建筑材料和结构的技术创新，常常采用现代材料和技术，体现了对科技和工艺的追求。

2. 文化认同对建筑形式的影响

文化认同对建筑形式的影响是深远而多样化的，反映了不同文化背景下人们对于空间、形式、材料等方面的偏好和认知的差异。这种差异直接塑造了建筑的设计理念和表现形式，使得建筑在不同文化背景下呈现出独特的风格和特征。

在东方文化中，建筑形式的塑造受到了对自然的崇敬和尊重的影响。传统的东方建筑注重与自然环境的融合和人与天地的和谐，体现了"天人合一""山水相连"的理念。这种观念在建筑形式中体现为建筑的木结构和悬山顶等特点。木结构的使用源于对自然材料的尊崇，体现了人们对于自然资源的珍视和保护。悬山顶的设计则强调了建筑与周围山水的融合，体现了人与自然的和谐共生。此外，东方建筑注重屋顶的曲线和檐口的装饰，以及建筑内部的庭院和园林设计，体现了对美学的追求和对生活品质的关注。

相比之下，在西方文化中，建筑形式更注重对称、比例和秩序的追求。西方建筑的风格多样，有哥特式、文艺复兴式、巴洛克式等，但都强调了建筑的对称和比例美。这种追求源于对理性和秩序的推崇，体现了西方文化中对于理性思维和科学精神的重视。此外，西方建筑注重建筑结构和形式的创新，常常采用大理石、砖石等材料，体现了对技术和工艺的追求。

3. 文化认同与建筑形式的相互影响

建筑形式作为文化认同的表达载体，在不同的历史时期和文化环境中扮演着重要的角色。同时，建筑形式的演变也反过来影响了文化认同的形成和传承，构成了一种互为因果、相互作用的关系。

第一，建筑形式是文化认同的表达。不同文化背景下的人们倾向于通过建筑来展现和传承自己的传统文化和价值观。例如，中国古代的宫殿建筑和寺庙建筑体现了中国传统文化中对于皇权和宗教的崇拜，建筑的屋顶曲线和雕刻装饰反映了中国人对于自然与人的和谐共生的理念。同样，欧洲的哥特式教堂和古希腊的柱式建筑也体现了不同文化中的宗教信仰和审美观念。

第二，建筑形式的演变影响了文化认同的形成和传承。建筑作为一种文化符号，其形式和风格随着时间和社会环境的变化而不断演进。这种演变不仅反映了社会和文化的变迁，也对人们的文化认同产生了深远的影响。例如，现代主义建筑的兴起标志着对传统建筑形式的颠覆和重新定义，反映了当时社会对于现代性和技术进步的追求，同时也影响了人们对于文化身份和社会价值的认知。

第三，建筑形式的传承和保护对于文化认同的维护至关重要。通过对传统建筑的修复和保护，人们可以保留和传承历史文化的精髓，弘扬民族文化的自信和骄傲。同时，现代建筑的创新和设计也为文化认同的更新和发展提供了新的可能性，促进了文化的多样性和包容性。

（二）文化认同影响建筑的设计理念和表现形式

1. 审美观念的塑造

不同文化背景下的审美观念在建筑设计中发挥着至关重要的作用，塑造了建筑形式和风格的多样性。这些审美观念源自不同传统文化、历史积淀和社会环境，对建筑设计理念产生了深远影响，从而呈现出东方文化和西方文化在建筑领域中的独特特色。

东方文化强调的内敛、平衡和谦逊等观念，深刻地影响了东方建筑的审美趋向。在东方传统建筑中，人们追求的是一种与自然和谐相处的理念，建筑形式体现了对天地万物的尊重和敬畏。例如，中国传统宫殿的对称布局和层层叠起的檐角装饰，体现了中国人对于平衡和谐的追求。同时，东方建筑注重内部空间的分隔和层次感的营造。通过纵深和透视的设计手法，使建筑更具层次感和神秘感。

相比之下，西方文化注重的是个性、创新和自由，这在建筑设计中表现为更大胆的风格和结构。西方建筑更注重对称和比例的追求，但同时也更加开放于新的设计理念和表现形式。例如，哥特式教堂的尖拱和高耸的塔楼，体现了西方人对于精神上的向上追求和宗教信仰的表达。同时，西方建筑在材料和结构上更加多样化，更注重形式的创新和实验性的设计，从而呈现出更加丰富多彩的建筑风格。

2. 空间观念的反映

东方文化强调天人合一、山水相融的观念，在建筑设计中体现为追求与自然的融合和人文环境的和谐。中国的庭院式四合院和日本的山水庭园等形式便是这种观念的典型体现。四合院以庭院为核心，四面被房屋环绕，将自然景观融入生活空间之中，营造出私密而和谐的居住氛围。日本的山水庭园通过精致的设计和布局，将自然元素和人文意境融为一体，给人们带来心灵上的宁静和慰藉。

相比之下，西方文化更注重空间的利用效率和功能性，其建筑更倾向于凸显个体主义和社会秩序。欧洲的城堡和议会大厦等建筑体现了这种观念的特点。城堡作为中世纪封建社会的象征，注重的是防御功能和统治权力的象征，其建筑布局通常紧凑且严密，强调安全和防御性。而议会大厦则是现代民主社会的代表建筑，其设计更加注重功能性和公共空间的利用效率，体现了民主制度下的公共参与和社会秩序的重要性。

　　3.材料与工艺的选择

　　东方文化和西方文化在建筑材料和工艺的选择上各有特点和偏好，这反映了各自文化传统的影响以及对建筑美学与实用性的不同理解。

　　东方文化在建筑材料和工艺的选择上展现了对自然的深厚尊重和对传统技艺的传承。在东方建筑中，木材长期以来一直是主要的建筑材料之一。木质结构不仅展现了与自然环境的和谐共生，还展示了复杂的木工技艺和丰富的文化内涵。例如，中国古代建筑常采用木质梁柱结构，通过精妙的榫卯工艺实现无钉无胶的紧密连接，形成了高度稳定且富有艺术感的建筑形式。此外，瓦片屋顶也是东方建筑的重要特色，瓦片的选用与铺设不仅具备实用功能，更体现了对细节的关注和对美学的执着。

　　西方文化在建筑材料和工艺的选择上也有其独特的发展路径。西方建筑历史上同样重视传统材料的运用，如石材、砖瓦等，但随着技术的进步，西方建筑逐渐引入了更多现代化的材料和工艺。钢铁、玻璃等材料的广泛使用为建筑设计提供了更大的自由度，使得复杂多样的建筑形式得以实现。然而，值得注意的是，东方文化同样不乏对现代材料的探索与应用。许多现代东方建筑在继承传统的同时，也融合了现代技术与材料，展现出传统与现代的完美结合。

二、建筑设计风格及建筑文化间的关系

（一）建筑文化内涵

　　建筑文化主要是建筑物在不同时代背景、不同地域条件下所承载的社会文化、人类发展以及自然环境等综合性信息，是对社会总体文化的进一步体现。建筑文化的形成与社会文化的地域特点、多元性以及层次性等密切相关。

　　1.建筑文化的形成与社会文化的地域特点

　　（1）社会文化的地域特点对建筑文化的影响

　　建筑文化的形成受到社会文化地域特点的深刻影响。不同地域的历史、宗教、民俗、气候等因素都会在建筑中得到体现。例如，古埃及的金字塔和尼罗河流域的寺庙建筑反映了古埃及文明的宗教和社会制度；古希腊的雅典卫域帕

特农神庙体现了希腊文化的民主和理性主义；而东亚地区的寺庙和宫殿则融合了佛教、儒教和道教的影响，展现了东方文化的包容和传统价值观。

（2）地域多元性与建筑文化的丰富性

地域多元性是建筑文化丰富性的重要来源。世界各地的建筑风格和技术各具特色，反映了不同地域的历史、文化和环境特点。例如，东方的木结构建筑、西方的石结构建筑、北方的冬季保温建筑、南方的湿润环境建筑等，都是地域多元性的体现。这种多元性不仅丰富了建筑文化的内涵，也为建筑设计提供了丰富的灵感和创意。

（3）建筑文化的层次性与社会发展的相互作用

建筑文化的形成具有层次性，它既受到历史传承的影响，也受到当代社会发展的影响。历史悠久的建筑传统文化如古代埃及、希腊、罗马等文明对后世建筑产生了深远的影响，而现代社会的发展和变革也促进了建筑文化的创新和发展。因此，建筑文化与社会发展之间存在着相互作用的关系，建筑不仅是社会文化的反映，也是社会发展的产物和推动者。

2. 建筑文化与建筑设计风格的关系

（1）建筑文化与建筑设计理念的密切关联

建筑文化是建筑设计理念的重要思想来源。建筑设计师在进行设计时，往往会从传统文化、历史积淀中汲取灵感和启示，以满足人们对建筑的审美追求和文化情感。例如，古希腊的万神殿体现了对理性和秩序的追求，而中国的传统庭院建筑则体现了对自然和人文的融合。因此，建筑设计中的理念往往会受到建筑文化的深刻影响。

（2）建筑文化与建筑设计风格的相互促进

建筑文化和建筑设计风格之间形成了相辅相成的关系。建筑文化为建筑设计风格的形成提供了基础和支撑，而建筑设计风格的发展也推动了建筑文化的创新和丰富。例如，古埃及的金字塔风格、古希腊的多立克柱风格、中国的歇山顶风格等都是建筑文化与设计风格相互作用的产物，它们不仅反映了当时的文化特征，也成为后世建筑设计的重要参考和借鉴对象。

（3）建筑设计风格的发展对建筑文化的创新和推动作用

建筑设计风格的发展不仅反映了建筑文化的内涵，也为建筑文化的创新和发展提供了动力和机遇。随着科技的进步和社会的发展，建筑设计风格不断演变和更新，新的建筑形式和理念不断涌现，为建筑文化的传承和发展注入了新的活力。例如，现代主义建筑风格的兴起，强调简约、功能主义和现代化，体现了当代社会对于高效、实用和环保的追求，同时也反映了建筑文化对于技术进步和社会变革的回应。

3. 建筑设计风格的创新与建筑文化的丰富性

（1）建筑设计风格的创新与建筑文化的融合

建筑设计风格的不断创新与建筑文化的融合是建筑领域发展的重要方向之一。通过吸收和融合不同文化的建筑传统和风格，设计师们创造出了独具特色的建筑形式和风格。例如，现代建筑中常见的"文化融合式"风格，将东方和西方的建筑元素相结合，体现了全球化时代建筑文化的多样性和包容性。

（2）建筑设计风格的多样化与建筑文化的丰富性

建筑设计风格的多样化为建筑文化的丰富性提供了广阔的空间。不同的设计风格反映了不同文化、不同地域和不同时代的特点和审美趣味，丰富了建筑文化的内涵和表现形式。从古典主义到现代主义，从后现代主义到新古典主义，每一种风格都有其独特的历史渊源和文化背景，都在建筑文化的长河中留下了浓墨重彩的一笔。

（3）建筑设计风格的创新推动了建筑文化的发展

建筑设计风格的不断创新和演变推动了建筑文化的发展和进步。新材料、新技术的应用，以及对环境和可持续性的关注，使得建筑设计在不断寻求创新和突破的同时，也不断拓展了建筑文化的边界和内涵。例如，绿色建筑、智能建筑等新型建筑设计理念的提出和实践，为建筑文化的可持续发展注入了新的活力和动力。

（二）建筑设计风格及建筑文化思路分析

1. 建筑材料的发展

在设计建筑的过程中，甘肃地区的传统建筑文化得到了很好发展，传统的建筑技术和材料也被建筑设计人员所学习和吸收，传统建筑中使用的建筑材料种类繁多，主要是砖石和木材。设计人员使用的传统建筑材料是传统建筑文化的载体，这种文化的传承和发展要求设计人员在建筑的风格设计中要将传统建筑材料的作用充分发挥出来，并与相关的建筑设计技术相结合进行使用。除此之外，建筑材料可以整体表达建筑概念，在对建筑风格进行设计的过程中，建筑设计人员对其需要更加重视。

2. 传统建筑文化在建筑设计中的发展

建筑元素的发展是传统建筑文化通过建筑元素和符号表达传统文化。建筑师可以在建筑设计中提取、重新排列和使用某些代表传统建筑的元素或符号，唤醒人们对传统文化的共鸣和向往，从而在旧的传统形式中加入新的价值和意义。如此一来，在建筑设计的背景下，建筑师可以运用、组合和加工一定的建筑符号，在建筑设计的风格中突出传统文化的特征，最终保证传统文化的传承和发展。

3. 建筑形态的发展

传统建筑的外形和结构就是传统建筑的形态，我国复杂的地形决定了我国建筑风格的多种多样，而建筑的特殊性与其材质和结构密不可分。甘肃地区的传统建筑因其独特结构而成为当地传统建筑文化的特征，展现了当地建筑文化的独特韵味。为了在建筑设计风格中发扬传统建筑形态，建筑设计人员必须充分挖掘甘肃地区的地方风情，理解当地传统建筑形式的内涵，深挖当地传统建筑形式的结构特点，实现传统建筑文化与建筑设计风格的融合，将传统结构和造型展现在建筑上，强调甘肃地区建筑的历史文化内涵。

（三）建筑设计风格及建筑文化间的关系

1. 在建筑文化的基础上确定建筑设计风格

对于建筑工程的建设而言，建筑设计初期阶段是非常重要的阶段。因此，为让建筑能够符合甘肃地区的规划要求以及被大众所接受，就要科学、合理把控当地的建筑设计风格，保证建材、施工模式的选用可以让建筑需求得到满足，与当今时代人们的经济和精神需求相一致。建筑设计风格能够把建筑文化的引入当作主要根据，设计工作者依据所在地区的传统文化、建筑需要具备的功能明确最后的设计成效。建筑文化通常包括两个部分，其一是内在文化，其二是外在文化。内在文化能够让建筑风格体现出传统、朴实的意味，外在文化有利于建筑风格的变革，提升建筑的个性化色彩，内在文化和外在文化相辅相成。因此，设计人员在对建筑风格进行设计的过程中，要将内在文化和外在文化同时兼顾，以此增强建筑总体的呈现效果，契合甘肃群众的审美理念，达成内在文化和外在文化有机结合的目标。

2. 建筑文化为建筑设计风格注入鲜活的思想

在传统建筑中，不同的文化元素有着不同的展示效果。设计人员在对建筑进行设计期间，可以将甘肃地区丰富的文化元素融入其中，以此让建筑设计的风格更加多元，从而可以保证建筑在满足人们生活需要的基础上，提高居住质量。首先，甘肃当地的人类宗教文化、民俗文化等各个方面都属于建筑文化内容，都是建筑设计的题材。建筑设计风格中以不同的方式体现所在地区人们的价值理念。高质量的建筑设计能够对人们的心理产生影响，提升人们心理需求的满足感，潜移默化地传播文化，其存在的模式可以充分彰显建筑设计风格，而且对所在地区城镇发展、文化建设、未来社会的发展都具有不可忽视的影响。其次，在现代技术的辅助下，建筑设计风格更加多元化。设计人员通过将当地的建筑文化要素融入建筑设计风格中，可以充分彰显装饰成效。最后，从建筑设计层面而言，材料质地、包装等为文化的建设开辟了途径。因此，可以把建筑设计视为一种艺术表现方式、文化体现符号，其不但是建筑外观的组成部分，还可以展示空间环境属性、用途等，体现生活在该空间人们的社会地位、审美理念等。

3. 建筑文化为建筑设计风格提供灵感

建筑文化的形成产生需要经过长期发展的积累，并且建筑文化内容在不同时代以及不同地区也会有所差异。建筑文化科学运用到建筑风格设计中，可以为建筑风格的明确提供指引，展示当地建筑的个性化，进而为甘肃打造多种建筑风格的城市生态。当前，国内并不存在建筑风格全部一致的城市。并且现在也有许多外部文化在源源不断地进入我国，为各省份的建筑设计提供了诸多思路，不但能够使建筑设计风格更加独特，还能够将当地的发展水平以及整体艺术氛围进一步凸显出来。

4. 建筑设计风格有助于建筑文化的创新

建筑设计风格能够促进建筑文化的有效创新。各地区之间的社会文化交流随着时代的发展越来越密切，进而对建筑设计风格产生了一定的影响。在建筑设计中学习并借鉴国际上各种先进设计理念以及方法，可以让建筑设计风格更加国际化，进而能够让甘肃地区的建筑文化中具有本土文化元素的同时，也能够融入大量的国外建筑文化元素。不同文化之间的相互融合在很大程度上促进了甘肃地区建筑文化的发展，让当地的建筑文化更好地承载现代社会的多元化文化特色。除此之外，在建筑设计中也可以充分融入内在文化，如宗教理念、民俗等均会给建筑风格带来不可忽视的影响。

5.建筑设计风格与建筑文化协调统一

建筑文化具有较强的包容性，发展空间也在不断扩大。首先，对于观念与观点的变化。新观念和老观念的结合，建材与施工工艺的变革，为建筑设计开辟了更丰富的途径，建筑设计风格的艺术气息愈加浓厚。其次，在先进科技的作用下，无论是人们的生活方式抑或是生产方式均产生了重大变化，文化程度大幅提高，逐渐树立了现代化思想，为建筑文化的创新奠定了坚实的基础。建筑文化的创新不但会对建筑设计风格的多元化产生很大的影响，还有利于建筑设计能力的提高。最后，科学技术的提升促使建筑管理和建筑谋划行业的发展，为此伴随人们生活质量的提升，人们对经济与精神方面的要求也在持续增高。一方面，建筑设计要保证建筑具有完善的功能；另一方面，还应当保证其体现出浓厚的文化意味。因此，建筑设计需要融合多学科知识，进而让建筑设计更为完善、恰当，基于此体现现代化发展面貌。

三、建筑文化与建筑设计风格融合

（一）因地制宜，创新设计理念

在互联网的快速发展以及普及下，建筑设计很多都会被建筑师分享在互联网上，虽然有利于建筑师之间的学习和交流，但同时也会导致一些建筑师在设计建筑的过程中完全不考虑建筑地区的文化特征，直接借鉴网络上的优秀设计作品，进而导致原本优秀的建筑方案在实际建造中显得十分突兀。

1.因地制宜，创新设计理念

（1）互联网时代与建筑设计的挑战

随着互联网的迅速发展和普及，建筑设计领域也面临着前所未有的挑战和机遇。互联网为建筑设计师提供了广阔的信息平台，使得设计师可以轻松地获取到全球范围内的设计案例和灵感。然而，互联网的普及也导致了一种"全球化"的设计趋势，一些设计师倾向于直接借鉴互联网上的优秀设计作品，而忽视了建筑所处地域的文化特征和环境条件。这种"拷贝粘贴"式的设计方式，虽然可能在外观上看起来十分引人注目，但缺乏对当地文化和环境的考量，导致建筑在实际建造中显得不协调和突兀。

（2）因地制宜的设计理念

面对互联网时代的挑战，设计人员必须更加注重因地制宜地对当地建筑进行设计。这意味着设计师在设计建筑时应该充分考虑到建筑所处地域的文化特征、气候条件、自然环境等因素，从而创造出与周围环境和谐相处、与当地文化相契合的建筑作品。因地制宜的设计理念强调建筑与环境的融合，建筑应该是环境的一部分，而不是与环境格格不入的异物。因此，设计人员在设计建筑时不仅要注重建筑的形式美感，更要注重建筑的功能性和实用性，使建筑既能满足人们的生活需求，又能反映当地的传统文化和价值观念。

（3）形式与内容的结合

在因地制宜的设计理念下，形式与内容的结合显得尤为重要。建筑的形式应当是内在功能的凸显，而不是单纯的外在装饰。设计人员在对建筑进行设计时，应该注重建筑的功能性和实用性，将建筑的外观形式与内在功能紧密结合起来。只有这样，建筑才能真正地体现出对当地文化的尊重和理解，真正地融入当地的环境之中。因此，设计人员在设计建筑时应该努力寻求形式与内容的完美结合，创造出既具有美感又具有实用功能的建筑作品。

2.建筑设计中的文化传承和创新

（1）文化传承与创新的关系

在建筑设计中，文化传承与创新是密不可分的。传统文化是一个民族、一个国家的精神财富，对于建筑设计而言，传统文化的传承意味着对历史、民俗和民族特色的尊重和保护。然而，建筑设计并非停留在过去，它需要与时俱进，不断地吸收新的思想、技术和理念。通过创新和发展，使传统文化焕发出新的生命力和活力。

（2）文化传承的重要性

建筑设计中的文化传承是建筑文化的重要组成部分，它承载着一个民族、一个地区的历史和文化记忆。通过对传统文化的传承和弘扬，建筑可以成为历史的见证者和传统的延续者，为后人提供一个了解和认识历史文化的窗口。同时，传统文化的传承也有助于建筑与环境的融合，使建筑更加符合当地的文化氛围和审美趣味，赋予建筑更加深厚的文化内涵和意义。

（3）创新设计的重要性

尽管文化传承在建筑设计中具有重要意义，但创新设计同样不可或缺。随着社会的发展和进步，人们的生活方式和审美观念也在不断变化，传统文化的传承需要与时俱进，通过创新设计来适应当代社会的需求和发展。创新设计为建筑注入了新的活力和时代气息，使建筑更加具有现代感和时尚感，同时也为传统文化的传承注入了新的内涵和表现方式。创新设计不仅是对传统文化的一种尊重和延续，更是对当代社会和未来发展的一种探索和展望。通过创新设计，建筑可以更好地满足人们不断变化的生活需求，提升建筑的功能性和实用性，同时也促进了建筑技术和设计理念的不断进步和发展。

（二）遵循自然法则

建筑设计应尊重土地开发规律和环境兼容性，以此尽量避免建筑项目与自然之间的矛盾。同时，在社会不断进步以及城市经济快速发展的时代，环境保护日益成为社会的焦点。因此，建筑设计也应顺应时代潮流，注重环境与建筑的相互作用，合理有效地将甘肃地区的独特文化融入建筑设计，使人与自然和谐发展。此外，随着社会的现代化和城市建设的逐渐成熟，建筑部门已将节能减排纳入行业目标。

1. 尊重土地开发规律和环境兼容性

建筑设计的核心理念之一是尊重土地开发规律和环境兼容性。这意味着建筑项目应当与自然环境相协调，尽量避免对环境造成不可逆转的破坏。在甘肃地区，尊重土地开发规律意味着要深入了解当地的地质、气候、水文等自然特征，将这些特征纳入建筑设计的考量之中。例如，对于高寒地区，建筑设计需要考虑保温隔热等措施，以确保在寒冷的冬季提供温暖舒适的居住环境。同时，对于干旱地区，建筑设计需要注重节水和水资源的合理利用，以确保在水资源匮乏的情况下实现可持续发展。

此外，环境兼容性也是建筑设计不可忽视的重要因素。建筑项目应当尽量减少对环境的污染和破坏，采取各种措施降低建筑活动对周围环境的影响。例如，合理设计建筑布局和使用环保材料，减少建筑工程对土地资源的占用和破坏。在甘肃地区，这意味着建筑设计应当尽量减少对草原、湖泊、河流等自然景观的干扰，保护当地生态环境的完整性和稳定性。

2. 注重节能减排和环境保护

随着社会的不断进步和城市化进程的加快，环境保护日益成为社会的重要议题。建筑设计作为城市建设的重要组成部分，应当注重环境与建筑的相互作用，采取各种措施降低建筑活动对环境的影响。在甘肃地区，环境与建筑的相互作用表现在多个方面，包括建筑的能源消耗、废物排放、环境污染等。

为了减少建筑的能源消耗，建筑设计师应当采取各种节能措施，提高建筑的能源利用效率。例如，通过合理设计建筑的通风、采光和供暖系统，减少能源的浪费和排放。同时，建筑设计还应当注重环境保护，采用环保材料和技术，减少对环境的污染和破坏。在甘肃地区，环境保护尤为重要，建筑设计师应当注重保护当地的生态环境和文化遗产，努力实现人与自然和谐共生。

为了实现环境与建筑的相互作用，建筑设计应当结合当地的地理环境和气候特点，采取相应的设计策略。例如，在甘肃地区的干旱地区，建筑设计可以采用雨水收集系统和太阳能利用技术，以减少对地下水资源的依赖，并最大程度地利用可再生能源。此外，建筑设计还应当注重建筑的生态适应性，促进建筑与自然环境的互动和共生。例如，通过绿色植被的引入和生态景观的布局，改善建筑周围的生态环境，提升居住者的生活品质和幸福感。

（三）保护建筑文化环境

对于建筑文化和建筑设计风格的融合，要将文化保护和传承工作做好。比如，经济、政治以及人文底蕴等各方面的发展，都能够让建筑设计风格向多样化的方向发展。

1. 文化保护与传承

（1）文化保护的重要性

建筑文化是一个国家、一个地区的精神象征和文化遗产，对于传承和弘扬民族文化具有重要意义。在现代社会，建筑文化受到多方面因素的冲击和影响，包括城市化进程、经济发展、城市更新等。因此，保护建筑文化环境显得尤为重要，不仅可以保护历史遗迹和传统建筑，还可以促进当地文化的传承和发展。

（2）文化传承的方法

为了有效保护和传承建筑文化，可以采取多种方法。首先，加强文物保护法律法规的制定和实施，建立健全文物保护体系，加大对历史建筑的保护力度。其次，加强文化教育，提高公众对于建筑文化的认识和重视程度，培养人们的文化自信和自觉保护历史建筑的意识。最后，可以通过建立专业的建筑文化研究机构和团队，深入挖掘建筑文化的历史价值和艺术特点，推动相关文化产业的发展。

（3）多样化建筑设计风格的推广

在保护建筑文化的同时，也应当促进建筑设计风格的多样化发展。东方和西方文化的交融可以为建筑设计带来丰富的创新元素和艺术灵感，推动建筑设计向着更加多元化的方向发展。在建筑设计过程中，设计师可以充分借鉴和融合不同文化的设计理念和表现形式，创造出更具特色和魅力的建筑作品。同时，建筑设计领域也应当鼓励对于传统文化的尊重和继承。通过现代化的手段将传统文化元素融入建筑设计中，为建筑注入更深厚的文化内涵。

2. 科学合理地进行借鉴

（1）尊重地区建筑文化的独特性

在进行建筑设计时，必须充分尊重当地建筑文化的独特性和地域特色。不同地区的建筑文化具有各自独特的历史背景、地理环境和人文风貌，设计师应当深入了解并合理利用这些特点，打造符合当地气候和传统文化的建筑作品。

（2）科学合理地借鉴外部设计理念

虽然建筑设计师可以借鉴外部的设计理念和创新思路，但在借鉴过程中必须审慎选择，并结合当地的实际情况进行科学合理应用。借鉴应当注重整合和创新，而不是简单地复制和模仿。设计师应当深入思考和研究，根据建筑项目的具体情况，灵活运用外部设计理念，打造符合当地需求和特点的建筑作品。

（3）促进建筑业的可持续发展

科学合理地进行借鉴不仅可以推动建筑设计的创新和发展，还可以促进建筑业的可持续发展。通过借鉴外部设计理念，可以为建筑业引进先进的技术和管理经验，提升建筑设计水平和服务质量，推动建筑业向着更加健康、可持续的方向发展。

（四）将材质符号应用于建筑设计风格

1. 材质符号的重要性与应用

（1）材质符号在建筑设计中的意义

材质符号是建筑设计中的重要元素，它可以直观地传达建筑的特点和风格，给人们留下深刻的印象。在建筑设计中，选择适当的材质符号可以使建筑更具表现力和辨识度，同时也能够体现出建筑与环境的和谐共生关系。在甘肃地区，利用丰富多样的材质符号，可以将建筑设计与地域文化相结合，展现出独特的地方特色和文化魅力。

（2）材质符号在甘肃地区建筑设计中的应用

甘肃地区拥有丰富的自然资源和独特的地域文化，建筑设计师可以充分利用当地的材质符号来打造具有地方特色的建筑作品。例如，青砖是中国传统建筑中常用的材料之一，其具有古朴典雅的特点，可以体现出中国古建筑的历史底蕴和文化内涵。在甘肃地区的建筑设计中，可以采用青砖作为建筑立面的主要材料，以此突出建筑的历史传统和地域特色。同时，结合当地的地理环境和气候条件，选择适合的木材作为建筑的辅助材料，如杉木等，既可以增加建筑的自然气息，又能够与青砖形成对比，营造出丰富多样的建筑效果。

（3）科学合理的材质符号选择

在应用材质符号时，设计师需要考虑到建筑的功能、结构和环境等因素，选择与之相匹配的材料和形式。在甘肃地区，由于地处西北地区，气候干燥，温差大，建筑材料需要具备一定的耐候性和保温性能。因此，在选择材质符号时，设计师应当注重材料的质地和耐久性，同时也要考虑到其美观性和文化内涵，以此达到既实用又具有艺术性的设计效果。

2. 材质符号的创新与融合

（1）创新材质符号的应用

随着科技的进步和社会的发展，新型建筑材料和技术不断涌现，为建筑设计带来了更多的可能性。在甘肃地区的建筑设计中，设计师可以充分利用新型材料和技术，创新材质符号的应用方式，打造具有时代感和科技感的建筑作品。例如，利用玻璃、钢材等现代材料，结合当地的文化特色，设计出具有现代气息的建筑立面和装饰元素，既能够体现出建筑的时尚和科技感，又能够与传统材质符号形成对比，产生出独特的建筑效果。

（2）融合传统与现代的材质符号

在建筑设计中，传统与现代的融合是一种重要的设计思路，可以使建筑既具有传统的文化底蕴，又具有现代的时尚感和科技感。在甘肃地区的建筑设计中，设计师可以将传统材质符号与现代材料相结合，创造出既具有历史传统又具有现代气息的建筑作品。例如，利用传统的青砖和木材作为建筑的主要材料，结合现代的玻璃幕墙和钢结构，打造出具有丰富层次和立体感的建筑立面和空间形态，既能够传承传统文化，又能够满足现代人的审美需求，展现出甘肃地区建筑的独特魅力。

第三节　建筑如何反映社会和文化变迁

一、历史建筑风格的演变

（一）古代建筑风格的特征

中国古代建筑具有悠久的历史和辉煌的成就，欣赏中国的古建筑，就好比翻开一部沉甸甸的史书，浩浩荡荡的中国建筑史向世人诉说着古人改造自然、创造历史的奇迹。我国的古代建筑主要经历了原始社会、奴隶社会、封建社会三个历史阶段，其中封建社会是形成我国古代建筑的主要阶段。中国古建筑主要支撑构件都是以木头为承重构件的结构形式。这也势必造就了它独有的建筑风格，经历了漫长时期的封建社会，伴随着建筑技术的发展和进步以及建筑材料的多样化使得古建筑的发展也日趋成熟，逐步形成了一整套完整的制度及体系。直到今天，这些技术和方法在某方面仍对我们创造现代化而又民族化的现代建筑具有参考和借鉴价值。

1.结构形式和模数制

黄河中下游地区历史悠久，文化灿烂，是中华民族文明的主要发祥地之一。这些地区当时盛产木头，这就为构筑的木结构提供了重要的原料，木构架也逐渐发展起来并成为中国建筑的主流。木构架的主要结构部分是由柱、梁、枋、檩组成，结构形式主要有抬梁、穿斗、井干式等。抬梁式在春秋时代已经初步形成，使用范围较为广泛，在三者中居于首位，主要盛行在我国的北方地区（见图3-1）。

抬梁式就是在台基上立柱，柱上沿房屋进深方向架梁，梁上立短小矮柱，矮柱上再架短一些的梁，如此叠加若干层，在最上层架上立脊柱，这就是一组梁架。几组梁架由枋连接，构成了房屋的框架，再在梁上搁置檩，檩与枋平行，这样就构成了房子的框架，四周的砖墙只起到围护围合的作用，所以在抬梁式建筑中可以随意开窗设洞，而不影响整个建筑的使用。它的优点就是室内少柱或者无柱子，缺点是柱梁等用材较大，消耗木材较多。迄今为止，五台山佛光寺大殿是遗存至今的最为古老的唐代建筑之一，也是抬梁式建筑的一个代表，虽然经历了一千多年的风风雨雨，但是它的大气雄浑依旧。

穿斗式建筑就是由柱距较密，直径较细的落地柱直接承檩，在柱与柱之间沿房屋进深方向不设架空的梁，而是用一种叫"穿"的枋木，把柱子组成排架，并用挑枋承托挑檐。排架与排架之间用檩做横向连接。这种构架因使用较小的木料，所以节省木材；因柱距较密所以作为山墙，抗风性能好。但是柱距较密使空间局促。穿斗式建筑主要存在于我国南方地区，如在四川、贵州、云南等偏僻山区仍然使用（见图3-2）。

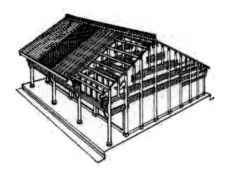

图3-1　抬梁式建筑　　　　　　　图3-2 穿斗式建筑

井干式建筑耗费的木料比较多，所以近代使用较少，只有在林区还有使用。

由于中国的古建筑都是采用木构架，所以在结构上基本是采用简支梁和轴心受压柱的形式，局部使用了悬臂出挑构件和斜向支撑，此外，还使用了作为我国建筑特点之一的斗拱，它不但可以承托一定距离的出挑重量，而且也是屋顶梁架和柱壁间在结构和外观过渡构建。在构造上，各个节点之间采用了榫卯结构，这种结构在承受水平外力时有一定的适应能力。在建筑中构件标准化方面，古人在设计和施工中很早就实行了类似于现代建筑的模数制（宋代用"材"，清代用"斗口"做标准），对于建筑整体到局部的形式、尺度和做法，都有相当详细的规定，这对缩短设计时间、加快施工速度、提高建筑质量及工料估算都很有利。宋代的《营造法式》和清代的《工程做法则例》都是当时官式建筑在设计和施工备料等各方面的规范和经验的总结。

2. 斗拱

斗拱作为中国古代建筑体系特有的形制，在建筑结构和装饰方面扮演着重要角色。其独特的结构形式和精湛的工艺技术使其成为古代建筑中的瑰宝，不仅承载着建筑物的重量，还赋予建筑以华丽的外观和独特的气质。

第一，斗拱作为结构构件，具有承载和传递荷载的重要功能。其构造精巧，将梁架和立柱之间的荷载有效地传递到柱子和基础上，起到了支撑建筑物的作用。斗拱的结构设计经过精心计算和布置，使得屋面的荷载能够均匀地分布到各个支撑点上，保证了建筑物的稳定性和安全性。此外，斗拱之间采用榫卯结合，不仅加强了结构的稳固性，还提高了建筑的抗震能力，在地震等自然灾害中起到了重要作用。

第二，斗拱在建筑装饰方面也具有独特的价值。其优美、华丽的造型和精湛的雕刻工艺使其成为建筑的主要装饰构件之一。斗拱的形态多样，有着丰富的装饰图案和纹饰，常常以龙、凤、花鸟等传统图案为主题，展现了中国古代建筑的审美情趣和文化内涵。斗拱的装饰不仅赋予建筑物以美感和艺术性，还反映了当时社会的等级制度和文化风貌，是建筑艺术的重要组成部分。

第三，斗拱在古代社会中还具有一定的象征意义和社会地位的象征。在封建社会中，斗拱往往被视为建筑等级的标志，只有在宫殿、宗庙、陵寝、府衙等高级建筑中才会使用，而普通的民宅则很少见到。因此，斗拱的出现不仅体现了建筑物主人的财富和地位，还彰显了建筑的尊贵和庄严，是封建社会等级制度的一种具体表现。

3. 彩画

彩画是中国建筑极具特色的装饰手法，由于我国古代大都是木结构，它的突出缺点就是易腐、易燃。为了保护木材，表面需要加油漆，在长期的发展演变过程中逐步发展成为建筑彩绘。彩画的雏形在春秋时期就有了，到了秦汉时已经非常发达。彩画中有云纹、龙纹、人物故事、佛教传说等，内容越来越丰富，画法也不断增多，到了清代逐渐形成了定制，彩画也有了分类，主要分为和玺彩画、旋子彩画和苏式彩画。和玺彩画主要由枋心、藻头、箍头组成，枋心占梁、枋的三分之一，一般有"金龙和玺""金凤和玺""龙草和玺"。图案以龙纹为主，枋心大都为"二龙戏珠"，藻头绘制升龙或降龙，箍头上绘制坐龙。和玺彩画是一种较为高档的彩画，主要的线条全部沥粉、贴金，华彩绚丽，金线一侧衬白粉或加晕，用青、绿、红三种底色衬托金色，主要用于等级较高的宫殿、庙宇等建筑。旋子彩画用于一般的民间建筑，苏式彩画则常用于园林建筑。旋子彩画的等级仅次于和玺彩画，其最大的特点就是在藻头使用了带卷涡纹的花瓣。旋子彩画的用金量较小，只限于旋眼，枋心只用青绿色叠晕，不画任何图案，藻头内图案为带涡纹的花瓣。旋子彩画只用于次要的宫殿、配殿。苏式彩画起源于南方苏杭地区民间传统做法而得名，它大多采用红色、土黄色或白色等暖色基调画法，包含的内容题材广泛，山水花鸟鱼虫历史人文传说无所不包，它主要用于园林和四合院。

4. 屋顶

屋顶在中国古代建筑中扮演着至关重要的角色，不仅仅是建筑结构的一部分，更是建筑艺术造型中的重要构成因素。从古至今，中国的建筑都以其丰富多彩的屋顶造型而闻名。屋顶的样式繁多，每种造型反映了不同的建筑等级、用途和时代特征。在古代中国建筑中，屋顶的造型可以分为硬山顶、悬山顶、庑殿顶和歇山顶等多种类型，而每种类型又有其独特的特点和表现形式。

硬山顶和悬山顶是等级较低的建筑常见的屋顶形式。硬山顶的特点是屋顶直接向上延伸，形成一个平顶，适用于一些简单的建筑结构，如民居、村舍等。悬山顶则是在硬山顶的基础上加入了一定的倾斜，使屋顶看起来更具立体感和动态感，常见于一些庙宇、祠堂等建筑中。

庑殿顶和歇山顶是等级较高的建筑常见的屋顶形式，具有更多的装饰和雕刻。庑殿顶是一种屋顶两侧向上翘起的形式，常见于一些宫殿、寺庙等建筑中，其造型庄严肃穆，寓意着建筑的尊贵和庄重。而歇山顶则是一种屋顶两端向上翘起的形式，呈现出独特的曲线美感，常见于一些古代建筑中，如民居、园林等，给人一种飞动轻快的美感。

除了屋顶的形式外，屋顶上的装饰也是古代建筑中重要组成部分。例如，正脊两端常常装饰有鸱尾、鳌鱼等雕刻，代表着建筑的高贵和尊严；而戗脊的脊端则常常装饰有神兽等构件，寓意着祈求上苍保佑太平。此外，悬鱼和惹草等装饰构件的出现也是为了避免火灾和天灾，体现了古人对自然的敬畏和祈求。

在屋顶的材料选择方面，民间常用茅草、泥土、石板、陶制小瓦等天然材料，而官式建筑则多采用陶筒、板瓦或琉璃瓦等材料，不仅考虑到了建筑的实用性和耐久性，更体现了建筑的高贵和尊严。

5. 门窗

门窗是构筑物必不可少的构件，它的作用就是采光、通风、保温、隔热。据史书记载，古人的门窗大都是木料制成的，形式最为简单而又便于制作的莫属直棂窗了，就是用直的棂条在窗框内按一定的间距布置排列，犹如栏杆一样，这种形式的窗子在唐代非常盛行。为了能遮风挡雨，古人在窗子靠房间的一侧窗户上裱糊窗纸或是挂纱帘。唐代以后，窗户的形式也越来越多，如破棂子窗、槛窗、天窗、支摘窗等，窗心的造型也是丰富多彩，如步步锦、灯笼锦、龟背锦等窗棂。门在古代的建筑中也是种类繁多，如板门、棋盘门、格扇门。无论这些花纹多么繁复，它的寓意都是表示吉祥如意、平安快乐的意思。

6. 天花、藻井

吊顶是大家非常熟悉的东西，在现代的酒店大堂及餐厅的室内，顶棚一般都用纸面石膏板或是其他的装饰材料制作成各种平面造型或是立体造型来遮挡顶棚中的梁或是各种管线。在古代这种装饰手法被称作天花，是室内梁架之下设置的部件，它既可以遮挡梁架，又可以施各种彩绘，所以是室内重要的装饰部件。同时，还可以界定室内空间的高度，保温、隔热及防尘。天花在汉代就已经出现，分为平闇、平綦、海墁三类。在梁架下面用天花枋组成一个个木框，木框内又隔成许多密而且小的木方格，方格顶面铺满木板，这种类型的天花叫做平闇天花。在天花板内不再设置小方格，而是直接铺满较大的天花板。板面可以绘制彩画，或贴上带有彩色图案的纸，这种类型的天花叫平綦天花。用木吊挂将一个个的木顶隔吊挂在梁架或檩条上。木吊挂由边框、抹头组成的框子，中间用棂子隔成一个个方格，木顶隔底面糊纸，这种类型的天花叫海墁天花，用在普通的建筑中。藻井是天花中"穹然高起，如伞如盖的一种高级天花"，它一般用在等级较高的殿堂之上。无论是天花还是藻井，它们都是建筑中的装饰构件，它所起到的作用就是御寒、防雨及美观。

（二）现代建筑风格的崛起

1. 现代主义建筑风格的特点与代表作品

（1）现代主义建筑的功能性与实用性

现代主义建筑强调功能性和实用性，摒弃了过去繁复的装饰和华丽的外观，注重建筑的实用性和效率性。建筑师们更加关注建筑的功能需求，将建筑设计理念与科技创新相结合，致力于创造简约、高效的建筑空间。这种风格的建筑常常采用简洁的几何形状和规整的线条，以及现代化的材料和技术，体现了工业化和现代化的特征。

（2）代表作品：包豪斯学派

包豪斯学派是现代主义建筑的重要代表之一，成立于20世纪初的德国。包豪斯学派提倡将工艺美术与工业生产相结合，追求简约、功能性和实用性的设计理念。其代表作品包括位于德国德累斯顿的包豪斯大厦，以及位于罗马东郊的伊斯特别墅等。这些建筑以简洁的几何形状、明亮的色彩和现代化的材料为特点，体现了现代主义建筑风格的核心思想。

2. 后现代主义建筑风格的特点与代表作品

（1）形式的多样性和个性化

后现代主义建筑相较于现代主义建筑更加注重形式的多样性和个性化。建筑师们不再受限于传统的建筑规范和风格，而是充分发挥创造力，尝试各种新颖的设计理念和建筑形式。这种风格的建筑常常具有复杂多变的外观和独特的造型，体现了建筑师对于空间和材料的创新运用。

（2）代表作品：芝加哥学派

芝加哥学派是后现代主义建筑的代表流派之一，兴起于19世纪70年代的美国芝加哥市。该学派的建筑作品以形式的多样性和个性化为特点，常常采用抽象的几何形状、错落有致的结构和大胆的造型，呈现出充满活力和创意的建筑风格。代表作品包括芝加哥国际机场的登机楼、约翰·汉考克中心的外观等，这些建筑以其独特的外观和创新的设计理念吸引了全球的目光。

3. 现代建筑风格的影响与发展趋势

（1）对当代建筑的影响

现代主义建筑和后现代主义建筑对当代建筑产生了深远的影响。现代主义建筑强调功能性和实用性，奠定了现代建筑设计的基础，影响了建筑师们对于建筑功能和空间的认识。后现代主义建筑则推动了建筑形式和风格的多样化发展，激发了建筑师们的创造力和想象力，为当代建筑注入了新的活力和灵感。

（2）发展趋势

随着科技的不断进步和社会文化的不断演变，现代建筑风格也在不断发展和演变。未来的建筑可能会更加注重可持续性和环境友好性，倡导绿色建筑和智能建筑的发展。同时，建筑师们可能会更加关注人性化设计和社会责任，致力于打造更加人性化、健康、舒适的建筑空间，满足人们不断增长的生活需求和精神追求。

二、建筑符号与文化变迁

（一）建筑中的符号与象征意义

1. 古代建筑中的符号与象征

古代建筑中的符号和象征承载着丰富的文化内涵，是对当时社会文化、宗教信仰和政治体制的重要反映。这些符号和象征不仅体现在建筑的结构和装饰上，还通过建筑的布局和排列方式传递着深刻的意义，成为古代文明的精神象征和文化遗产。

（1）埃及金字塔的符号与象征

埃及金字塔（见图3-3）是古代埃及文明的杰作，其独特的结构和形态承载着丰富的象征意义。金字塔的锥形结构和三角形门口是其中最为明显的符号，它们代表了埃及人对太阳神的崇拜和信仰。金字塔是埃及古代王国的重要象征，也是古代文明的杰作。它们见证了古埃及国王的权力与荣耀，反映了古埃及人对来世的信仰和追求。

图3-3 埃及金字塔

（2）希腊神庙的符号与象征

希腊神庙是古希腊文明的典型代表，其柱式和浮雕等装饰元素承载着丰富的文化内涵。在古希腊文化中，柱式是一种重要的建筑装饰元素，它不仅具有结构功能，还承载着丰富的象征意义。例如，多立克柱式和伊奥尼克柱式分别代表着古希腊的不同地区和传统文化（见图3-4），反映了希腊人对自身身份和地位的认同。此外，神庙中的浮雕和雕塑也是重要的符号和象征，常常描绘了神灵、英雄和神话故事，展现了希腊人对神灵和英雄的崇敬和赞美，同时体现了他们对美的追求和理性主义的思想。后来，希腊人又用同样的方法建造狄安娜神庙的柱子。按照女人的比例，为了显得更高一些，首先把柱子的粗细做成高度的八分之一（同多立克柱式，伊奥尼克柱子的粗细后来被做成高度的九分之一），两个涡卷据说来自女子秀丽的卷发，柱身的纵向沟槽是衣裙上垂坠的褶纹，柱身底部设计成靴状的突出线脚。（见图3-5）

图3-4 雅典卫城帕特农神庙的多立克柱

图 3-5　雅典卫城厄瑞克忒翁神庙女像柱

2. 现代建筑中的符号与象征

现代建筑作为当代社会的重要代表，其符号与象征承载着丰富的科技、社会文化和时代精神，体现了现代社会的特点和价值观。

（1）摩天大楼的符号与象征

摩天大楼作为现代城市的标志性建筑，其高耸的形态和玻璃幕墙的透明性是其最为明显的符号与象征。摩天大楼的高度代表了现代城市的力量和雄伟，体现了当代社会的科技进步和经济繁荣。高耸入云的建筑形态象征着人类对未来的向往和追求，反映了现代社会对未知世界的探索精神。而玻璃幕墙的透明性则象征着现代城市的开放和包容，体现了人们对自由、交流和共生的追求。通过摩天大楼的建筑形态和外观，人们可以感受到现代城市的活力和魅力，体验到科技与人文的完美融合。例如，帝国大厦（见图 3-6）曾经是世界上第一座超过 100 层的建筑，高 381 米，算上天线是 443 米。同时，它还是世界上保持第一高楼时间最长的大厦，一共保持了 41 年。仰望帝国大厦，会觉得很雄伟，要是能够登上它的顶层去观景，那简直是不一样的享受。站在顶层，会发现中央公园、华尔街、自由女神像都在脚下，有种"一览众山小"的感觉。

图 3-6　帝国大厦例图

（2）艺术装饰与景观设计的象征意义

现代建筑中的艺术装饰和景观设计常常通过抽象的形式和现代的语言表达了当代社会的审美追求和文化品位。艺术装饰可以是建筑立面的雕塑、壁画或装饰性图案，通过艺术的手法和创意，传递着对美的追求和对生活的理解。这些装饰元素不仅为建筑增添了艺术气息，更体现了现代社会对美的追求和对文化的尊重。景观设计则包括建筑周围的环境布置和景观规划，通过绿化、雕塑、水景等元素的设计，营造出舒适宜人的生活空间，反映了人们对自然和谐共生的追求和生态环境的重视。这些艺术装饰和景观设计不仅为建筑增添了美感，更体现了现代社会的文化底蕴和审美趣味。

（二）文化内涵的解读

1. 天人合一的空间意识

"天人合一"的空间意识源自中国古代先民对自然的崇敬和尊重，体现了人与自然之间紧密联系的哲学观念。古代的儒家和道家思想都强调人与自然的和谐共生，将人与自然视为一个整体，这种思想深刻地影响了中国古代建筑的理念和形式。

第一，儒家的"天人合一"观念强调人与天地之间的和谐共生。儒家经典《孟子》中就有"上下与天地同流"的论述，强调人应当顺应天地的自然规律，与之共同发展。这种思想体现在建筑中，表现为建筑与自然环境的融合和谐。古代的宫殿、庙宇等建筑常常选址于山水之间，利用山水的气势和环境来增强建筑的气势和美感，同时也使人们在建筑中感受到自然的存在和力量，实现了人与自然的和谐共生。

第二，道家的"自然无为"思想也对建筑产生了深远影响。道家强调顺应自然，不强求，不人为干涉，认为自然的力量是最大的。这种思想在建筑中表现为建筑形式的简朴自然，追求自然流畅的线条和简约的结构，反映了道家的"无为而治"的哲学理念。古代的园林建筑，如苏州的拙政园、扬州的个园等，就体现了道家的"自然无为"思想，建筑形式简洁而自然，融合了山水、植物等自然元素，给人以心灵上的宁静和悠然。

2. 浓于忠孝的礼乐精神

中国传统文化中浓郁的礼乐精神是历史长河中沉淀下来的文化瑰宝，它贯穿于社会生活的方方面面，包括建筑领域。礼乐之道，既体现了一种规范和秩序，又蕴含了审美和情趣，而建筑色彩作为人文色彩的一部分，更是清晰地传达了这一精神内涵。

在中国传统文化中，"礼"代表了一种社会规范和行为准则，它强调的是人与人之间的尊重和和谐。在建筑中，这种精神体现为建筑的规整和庄重。例如，在古代的宫殿、庙宇等建筑中，常常采用红色、黄色等富有典雅气息的色彩，以表达对尊贵和神圣的尊重和崇敬。这种色彩选择不仅体现了礼的规范，也体现了建筑的庄严和仪式感，使建筑成为社会秩序和传统文化的象征。

而"乐"则代表了一种愉悦和欢乐的情感体验，它强调的是人与自然之间的和谐共生。在建筑中，这种精神体现为建筑色彩的鲜明和多彩。古代的园林建筑中常常运用绿色、蓝色等清新自然的色彩，营造出愉悦和舒适的环境，让人们在其中感受到自然的美好和生命的活力。这种色彩选择不仅体现了乐的情趣，也体现了建筑的生机和活力，使建筑成为人们心灵愉悦和放松的场所。

3. 兼容并蓄的包容观念

（1）中国传统文化的开放融合

中国传统文化源远流长，其包容性和融合性为其特征之一。自古以来，中国文化就与外来文化有着不断的交流与融合。尤其在汉魏时期以后，中国文化开始接触和吸收外来文化，其中佛教文化对中国传统文化产生了深远影响。唐代是中国文化开放的时期之一，唐朝不仅进行了广泛的对外交流，还呈现了儒、释、道三教并行的局面，各种文化相互交融，达到了一个历史新水平。在唐代，士大夫、读书人的思想表现了治国平天下的儒家思想，同时也流露出了庄禅心向自然的出世之情。随着时间的推移，中国文化的融合逐渐走向成熟，宋代以后更是呈现出统一的发展态势，形成了兼容并蓄的文化氛围。

（2）信仰建筑的文化融合

信仰建筑是文化融合的产物，其布局、装饰、主题等都鲜明地表现了中国建筑对各种优秀文化的吸收与综合。庭院式建筑作为中国建筑的国粹，原本是一种典型的民居建制，但佛教传入中国后，成为寺院建筑的主要形制。佛寺建筑的中国化始于魏晋南北朝时期，其布局一般为院落式纵向中轴对称，主体建筑由南向北排开，两侧建有配殿，呈现出严谨的等级分明。另外，佛塔建筑也是文化融合的产物，流传到中国后与中国传统的楼阁建筑相结合，形成了独特的楼阁式佛塔，展现了文化的多元融合。

（3）文化包容与建筑发展

中国古代建筑的独特魅力在于其多元文化的融合和包容。作为文化的载体，建筑不仅是一种物质形态的展现，更是文化精神的体现。中国古代人民在漫长的历史进程中，不断吸取外来文化的精华，将其融入自己的文化体系中，从而形成了富有特色的建筑风格和艺术表现形式。这种文化包容的态度，不仅丰富了中国古代建筑的内涵，也为后世建筑的发展提供了丰富的文化资源和精神支持。

①多元文化的融合

中国古代建筑的发展是多元文化相互融合的产物。从早期的原始部落到后来的封建王朝，中国的建筑历史经历了长期的演变和发展。在这个过程中，与中国接触的外来文化包括中亚、西域、东南亚等地区的文化，以及丝绸之路的贸易往来带来的外来文明。这些外来文化在与中国本土文化相互交融的过程中，相互借鉴、吸收，形成了独特的建筑风格和形态。

②文化包容的精神

文化包容是中国古代建筑发展的精神之一。在中国的历史长河中，不同民族、不同地区、不同信仰的人们在建筑领域展现了相互尊重、互相包容的态度。例如，佛教的传入对中国古代建筑产生了深远的影响，佛教寺庙的建筑风格融合了中国本土文化和印度文化的元素，形成了具有独特特色的中国式佛寺建筑。此外，众多少数民族的建筑风格也融入了中国古代建筑的发展，丰富了中国建筑的多样性。

③融合与创新的结合

中国古代建筑的发展既包含了对外来文化的融合，也体现了中国人民对建筑的创新和发展。在吸收外来文化的同时，中国人民根据自己的实际需要和审美趣味，不断对建筑进行改进和创新，形成了具有中国特色的建筑风格。例如，中国古代建筑在结构、材料、装饰等方面都有独特的创新，如悬山顶、斗拱结构、琉璃瓦等，展现了中国人民在建筑领域的智慧和创造力。

④传统与现代的交融

中国古代建筑的包容精神不仅体现在历史上，也延续至今。在当代中国，传统建筑与现代建筑之间不断进行着对话与融合。许多建筑师通过对传统建筑的借鉴和创新，设计出既具有现代功能又传承了传统文化的建筑作品，为中国建筑的发展注入了新的活力。

第四章 传统住宅建筑的设计原则

第一节 对称与均衡

一、对称与均衡的概念及重要性

（一）概念介绍

对称性是指建筑元素在某一中心线或中心点上左右对称，均衡性是指建筑各部分在视觉上的平衡和和谐。这两个概念相辅相成，共同构成了建筑美学的基础，体现了建筑师对空间、结构和形式的精妙处理。

在传统建筑中，对称与均衡的应用可以从多个方面进行解读和分析。第一，在建筑的立面设计中，对称常常是一种基本原则。通过将建筑沿着中心轴线分为左右两部分，并使其在形式、尺度和布局上相互对称，使得建筑外观呈现出整体的和谐和稳定感。这种对称的设计不仅仅是为了美观，更重要的是增强了建筑的视觉吸引力和气势。

第二，在建筑的平面布局中，对称与均衡也占据着重要地位。传统住宅的平面常常采用中心对称的布局方式，将主要功能区域置于中心位置，左右对称设置辅助功能区域，从而实现空间的合理利用和功能的互不干扰。这种布局不仅使得室内空间更具通透感和开阔感，也提升了居住的舒适度和便利性。

第三，在建筑的结构设计中，对称与均衡也是确保建筑稳定性的重要手段。通过合理的结构布置和力学设计，使得建筑在受力时能够保持平衡和稳定，从而确保了建筑的安全性和持久性。

对称与均衡不仅是建筑形式上的追求，更承载着丰富的文化内涵和审美意义。在东方文化中，对称与均衡常常被赋予天人合一、阴阳调和的哲学观念，体现了人们对自然秩序与和谐生活的向往；而在西方文化中，对称与均衡则反映了理性主义和秩序感的追求。

（二）重要性分析

第一，对称与均衡是传统建筑形式的基础和核心。通过对称的布局和均衡的设计，建筑形式得以统一和协调，呈现出整体的美感和稳定感。对称性使建筑在视觉上更加平衡和谐，而均衡性则保证了建筑结构的稳定性和可靠性。这种基于对称与均衡的设计原则，使得传统建筑不仅具有艺术美感，更具有实用性和功能性。

第二，对称与均衡的实现需要建筑师具备精湛的设计能力和技术水平。建筑师需要在设计过程中考虑到建筑的整体布局、结构安排以及视觉效果，使得建筑能够在形式和功能上达到最佳的平衡状态。这要求建筑师具备对空间、比例和结构的敏锐把握能力，能够将理论和实践相结合，实现对称与均衡的完美统一。

二、对称与均衡在传统住宅建筑中的具体应用与效果

（一）立面设计

传统住宅建筑的立面设计是对称与均衡应用的重要体现之一。通过对称的设计，建筑师将建筑沿着中心线进行分割，使得左右两侧的元素呈现镜像对称排列的效果。这种设计不仅赋予建筑外观庄重稳重的特点，同时也展现了主人的品位和地位。

在立面设计中，常见的对称元素包括门窗、檐口、装饰雕刻等。例如，在中国传统建筑中，门窗常常以中心对称的方式布置，左右对称地排列在建筑立面上。檐口也采用相同的方式进行设计，使得整个建筑在形式上呈现出统一而协调的美感。这种对称的设计不仅使建筑立面更加美观，同时也增强了建筑的稳定感和整体性。

（二）平面布局

传统住宅建筑在平面布局上也体现了对称与均衡的设计原则。通常采用中心对称的布局方式，将主要功能区域置于建筑的中心位置，左右对称地设置辅助功能区域。这种布局方式使得建筑空间分配更加合理，各功能区域之间互不干扰，同时也营造出舒适和谐的居住氛围。

在平面布局中，主要功能区域如客厅、卧室、餐厅等常常位于建筑的中心位置，而辅助功能区域如厨房、卫生间等则左右对称地分布在主功能区域的两侧。这种布局方式既保证了建筑空间的合理利用，又使得居住者在日常生活中更加便利和舒适。

（三）内部空间设计

在传统住宅建筑的内部空间设计中，对称与均衡的原则也得到了充分体现。在家具摆放、装饰品布置等方面，常常采用左右对称的方式，使得整个空间显得统一而协调。例如，在客厅的布置中，沙发、茶几等家具常常采用左右对称的方式摆放，营造出平衡和谐的视觉效果。同时，在卧室的装饰设计中，床头柜、台灯等也常常左右对称地设置，使得整个卧室空间更统一和舒适。

三、传统建筑文化符号中的数学对称美

（一）数学对称理念概述

在数学理论中，对称性是一个重要的概念，它指的是在特定的变换条件下，所研究的对象能够保持某些不变的性质。对称性在数学中有着广泛的应用，特别是在几何学中，对称性是研究图形、形状和空间结构的重要工具之一。

对称性的概念最初是从几何学中发展而来的。在平面几何中，对称性通常指的是一个图形在某种变换下保持不变。这种变换可以是平移、旋转、镜像等。通过这些变换，图形的形状和位置都可以得到保持，这就是对称性的基本特征之一。

对称性在传统建筑中也有着重要的应用和意义。传统建筑中的对称设计可以使建筑在视觉上更加稳定与和谐。通过对称性的运用，建筑师可以使建筑立面、平面布局等部分呈现出统一而协调的美感，从而增强建筑的整体性和美观性。同时，对称性还可以使建筑结构更加稳定，提高建筑的抗风抗震能力，保证建筑的安全性。

在数学对称性的研究中，还涌现出了一些重要的概念和定理。例如，群论是研究对称性的重要数学工具之一，它研究的是一种代数结构，描述了对称性的各种变换规律。另外，对称群、对称性质、对称分析等概念也在数学研究中得到了广泛地应用。

除了在数学和建筑领域外，对称性还在艺术、科学、自然界等各个领域都有着重要的应用。例如，在艺术领域，许多艺术作品都运用了对称性的原理，使得作品更加具有美感和和谐感。在科学领域，对称性也是研究自然规律的重要工具之一，许多自然现象都具有对称性，如晶体的对称性、分子的对称性等。

（二）数学对称美在传统建筑文化符号中的体现

传统建筑中的文化符号在创建过程中包含了多种数学原理及理论，而数学对称原理早在人类史前文化中出现。通过对原始文明、石器时代等文化时期的考古、探索，了解到在手工陶艺或青铜制品上便出现了数学对称图案。在古希腊文明或玛雅文明中也有证明数学对称原理的实例。

1. 从哲学意义层面分析

在传统建筑的文化符号中，经常能够发现与数学对称原理相关的元素，且在中西方传统建筑在构造过程中也应用了数学对称原理。数学对称原理所体现的美感与和谐感多被应用到了艺术创作中。追溯其根本，数学对称原理产生的灵感来源于对人类本身的探索，此种根植于人类文明社会的原理有着强大的生命力。对于中国传统文化来说，数学对称思想符合中华传统文化中倡导的和谐、平衡、天人合一等哲学思想。在此种哲学思想的影响下，数学对称图形更加频繁地出现在了传统建筑的文化符号中。

2. 从文化意义层面分析

数学对称理论能够体现出权威、和谐、中庸的理念，中国古代宫殿及寺庙在布局方面多数按照轴对称进行设计。例如，北京故宫便是以纵轴与横轴进行的布局，将主宫殿放于中轴线位置，再以此为中心沿着左右两侧进行对称布局。故宫不仅整体布局体现了数学对称理念，建筑内部的石刻花纹也多采用了对称的形式进行设计，此种设计理念蕴含着古代封建社会等级分明的观念。除此之外，西方的多数哥特式建筑、埃及金字塔等也体现着数学对称理念。受地理位置、民族文化等因素的影响，不同民族对数学对称理念的理解也不同，因此在传统建筑文化符号的表达方式上也存在一定的差异性。例如，阿拉伯人对数学对称原理有着独到的见解，他们善于利用复杂的几何图案再通过反射轴对称或旋转对称等方式组成形状丰富多样的符号及图案。

（三）数学对称美在传统建筑文化符号中的应用法则

1. 形式美法则

（1）对比调和

对比调和是形式美法则中的重要原则之一，在传统建筑文化中得到了广泛应用。这一原则强调整体与局部之间的和谐统一，以及形状与审美之间的相互映衬和协调。在传统建筑的设计中，对比调和体现在建筑元素的选择、布局和装饰上。例如，在建筑立面的设计中，常常会通过对比明暗、大小、形状等来营造层次感和节奏感，使建筑更具有视觉冲击力和美感。同时，在建筑内部空间的设计中，也会运用对比调和的原则。通过对立的色彩、材质、光影等元素的搭配，营造出丰富多彩、和谐统一的空间氛围。

（2）节奏韵律

节奏韵律在传统建筑中的应用，不仅是指音乐中的变化规律，更是延伸到建筑造型艺术中的一种表现方式。在建筑设计中，节奏韵律可以通过建筑元素的有规律地排列和重复来体现。例如，在柱廊的设计中，柱子的排列间距、形状和高度可以按照一定的节奏和韵律布置，使整个建筑结构具有动感和节奏感。同时，在建筑立面的装饰中，也可以运用节奏韵律的原则，通过对装饰元素的有序排列和重复，营造出一种优美和谐的视觉效果。

（3）对称均衡

对称均衡是传统建筑文化中常见的形式美法则之一，强调了建筑形式在图像形状、大小、色彩等方面给人以均衡和谐之感。在传统建筑的设计中，对称均衡常常体现在建筑的立面、平面布局和内部空间设计中。例如，在建筑立面的设计中，常常采用左右对称的布局。通过建筑元素的镜像对称排列，使建筑外观显得稳重庄重。在内部空间的设计中，也会通过对称的布局和装饰来营造出舒适和谐的居住环境。

（4）比例尺度

比例尺度在传统建筑文化中具有重要的地位和作用，它指的是整体与局部之间在体量方面的等比关系。在传统建筑的设计中，比例尺度常常体现在建筑元素的大小、形状和位置上。例如，在建筑的立面设计中，常常会通过建筑元素的比例尺度来体现建筑的整体比例和层次感。另外，在建筑的空间布局和内部装饰中，也会运用比例尺度的原则。通过对空间的分割和不同形状的面积安排来展现建筑的比例尺度关系，使建筑更加和谐统一。

2. 对称美法则

（1）对称的概念

在数学意义上分析对称图形主要分为中心对称、轴对称以及平面对称这3种类型。

第一，中心对称是指图形相对于一个固定的点（称为中心）进行对称，对称后的图形与原图相互对应，即对称轴上的点与中心对称后的点等距离于中心。这种对称形式常常被比喻为"镜中倒影"，因为对称后的图形与原图在中心点处完全重合，但在中心点的两侧则呈现出镜像关系。中心对称在几何学中具有重要的作用。例如，在平面几何中，许多图形的性质和定理都与中心对称有关，它也是许多数学问题的解决方法之一。

第二，轴对称是指图形相对于一条直线（称为对称轴）进行对称，对称后的图形与原图相互对应，即对称轴上的点与轴对称后的点等距离于对称轴。轴对称也被称为镜面对称，因为它类似于一面镜子，对称轴是"镜子"的反射面，对称后的图形在对称轴两侧呈现镜像关系。轴对称广泛应用于平面几何、立体几何以及代数学中，它是解决许多几何问题的常用方法之一。

第三，平面对称是指图形相对于一个平面进行对称，对称后的图形与原图相互对应，即对称平面上的点与平面对称后的点等距于对称平面。平面对称也被称为空间对称，因为它不仅涉及平面内的对称，还涉及平面两侧的对称关系。平面对称在立体几何和空间几何中具有重要的应用。例如，在立体图形的展开和投影中，平面对称常常被用来确定图形的对称性和形状。

（2）对称的形式

首先，完全对称。此种对称形式给人一种稳定、和谐、庄重的观感，在我国传统建筑中的院墙木门多数设计为完全对称的形状。此外，建筑中出现的石器陶制品也均采用完全对称的设计方式，体现设计者祈求安稳、顺遂的意愿。其次，近似对称。此种对称形式强调在整体构图上的对称性，在部分局部位置有一定的变化。例如，北京故宫建筑群便是近似对称的设计布局，中轴线两侧的建筑布局并非完全一样，在局部呈现出差异性。部分传统建筑的文化符号也多为近似对称，不仅呈现了相对稳定的观感，还在局部位置凸显了特色，增加了文化符号及建筑布局的审美感。最后，反对称。此种对称类型可以通过一定的操作来实现两个部分的完全重合。例如，中华传统文化中的太极图案。此种文化符号属于典型的反对称图形，太极图展现了我国传统文化中阴阳平衡、天地共存等哲学理念。

（3）传统建筑文化符号中体现的数学对称美类型

第一，图像符号在传统建筑中占据着重要地位。这些符号包括彩画、纹饰等，常常来源于对动植物的描绘，以及对自然界景物的模仿。图像符号的对称性体现在它们的图案和纹样中，通常采用镜像对称或轴对称的方式，使得图像在左右、上下等方向上呈现出对称性。这种对称美不仅仅是视觉上的愉悦，更承载着人们对吉祥、祈福的寓意。通过对称的图像符号，传统建筑展现了丰富的文化内涵和民族精神，体现了人们对美好生活的向往和追求。

第二，指示符号也是传统建筑文化符号中重要的一部分。这些符号主要体现在建筑的构件形象和空间形象上，具有指示和功能性的特点。例如，在传统建筑的门窗位置常常会出现对称性的文化符号，这些符号不仅美观，更表达了门窗的功能，如采光、通风、出入等。同样，建筑院落的前后布局也会呈现出对称的文化符号，这既体现了空间布局的和谐与均衡，也为人们提供了休闲、交流、停歇等功能。这些对称的指示符号不仅满足了实际需求，更赋予了建筑以美感和文化内涵。

第二节 比例与尺度

一、比例和尺度的定义和来源

（一）比例和尺度的定义

1. 比例的定义

专家对比例进行了深入的定义，指出比例是指物体局部本身和整体之间存在的一种倍数关系，并且物体的每一个部分也与其他部分存在一种倍数关系。这种定义揭示了比例在建筑设计中的重要性和广泛适用性。

第一，从建筑物的长、宽、高三个方面来看，比例的运用对于建筑的美感和稳定性至关重要。在建筑设计中，合理的长宽高比可以使建筑物显得更加协调和谐。例如，一个建筑物如果长而窄或短而宽，就会给人一种不稳定、不协调的感觉，影响建筑的美感和实用性。因此，建筑师在设计建筑物的时候通常会根据建筑物的功能、环境和审美要求来确定合适的长宽高比，以达到最佳的效果。

第二，比例在建筑的整体与局部之间的关系中也起着重要作用。在建筑设计中，建筑师需要考虑建筑的整体风格和局部细节之间的比例关系，以确保建筑物整体的统一和协调。例如，建筑物的柱子、窗户、门等局部细节的大小和形状应该与整个建筑物的大小和形状相匹配，以保持建筑物整体的美感和稳定性。如果局部细节与整体的比例关系不协调，就会破坏建筑物的整体效果，影响建筑的美观性和舒适性。

2. 尺度的定义

尺度所研究的是建筑物整体或局部构件与人或人熟悉的物体之间的比例关系及这种关系给人的感受。建筑者在设计建筑的时候，会将与人和人类活动紧密相关的元素进行对比而获得最合适的尺度，以此达到美的享受。

第一，尺度的研究涉及建筑物本身的大小和比例。建筑物的大小和比例直接影响着人们对建筑物的感知和评价。例如，一个建筑物如果过大或过小，就会给人一种不舒适的感觉，影响人们对建筑物的美感和实用性。因此，在设计建筑物的时候，建筑师需要考虑建筑物的尺度，确保建筑物的大小和比例与周围环境和人类活动相适应。

第二，尺度还涉及建筑物与人类活动之间的关系。建筑物的尺度应该与人类活动的需要相匹配，以确保建筑物的实用性和舒适性。例如，一个室内空间如果过大或过小，就会影响人们的活动和交流，降低空间的利用效率。因此，在设计建筑物的时候，建筑师需要考虑建筑物的尺度与人类活动的需要相协调，以提升建筑物的实用性和舒适性。

（二）比例和尺度的来源

1. 古希腊文明中的比例和尺度

古希腊文明以其独特的建筑风格和艺术风格而闻名于世。在古希腊建筑中，比例和尺度被视为至关重要的设计原则。古希腊建筑师通过对比例和尺度的精确计算和运用，创造出了许多著名的建筑作品。这些建筑以其优美的比例和谨慎的设计而闻名，体现了古希腊人对美的追求和对完美的追求。

2. 古罗马文明中的比例和尺度

古罗马建筑继承了古希腊建筑的传统，并在其基础上进行了发展和创新。古罗马建筑师在设计建筑时，也非常注重比例和尺度的运用。例如，古罗马的圆形竞技场和巴西利卡等建筑，都体现了对比例和尺度的精确控制，使得建筑物具有统一和谐的外观。

3. 古埃及文明中的比例和尺度

古埃及人在建造金字塔和其他宏伟建筑时，也运用了比例和尺度的原则。通过对角度的精准测量和数学的运用，古埃及人得出了许多重要的发现，如三角形的面积等于其高度的平方。这些发现不仅在建筑设计中有所体现，也对数学和几何学的发展起到了促进作用。

二、比例与尺度在住宅建筑设计中的运用

一切的建筑艺术都存在着比例关系是否和谐问题，和谐的比例和尺度可以让人们感到愉悦舒适。在建筑设计中，各种组成要素之间、要素和主体之间无不体现着比例和尺度的规则，如长宽高怎样的比例最为恰当、人口容量为多少最为合适等。

（一）比例和尺度在古代建筑构图中的运用

1. 比例和尺度在古希腊和古罗马建筑中的运用

恰当的比例会给人们一种美感，古希腊的建筑多以对称为美，在对柱子的比例和尺度上有着严格的要求标准。他们通过测量男子的脚长和身高进行比较，从而在建筑学上找到了一种非常对称的比例，而这种建筑通常给人粗犷刚劲的审美之感。此后，通过对这个比例的改进，古希腊人将女子的脚长和身高进行了比较，得出的结果产生了另外一种风格的建筑。这种建筑相对于之前的那种以男子身高和脚长为比例建造的柱式结构更加美观，原因就在于古希腊人将建筑学中的比例和尺度进行了运用。他们通过人体的构造得出一组黄金比例，在建筑的过程中为了使得建筑物更加美观，运用尺度进行了再加工，对于比例和尺度在建筑构图中的运用对后世的人们产生了重要影响。

2.比例和尺度在古代中国建筑中的运用

中国古代的建筑主要是由屋顶、屋身和台基三部分组成，柱子和柱头相互穿插构成框架结构，无论是厨房还是大厅或者是卧室都只用一横木作为支撑。要想使得房屋能够保存很久并且不坍塌，就需要将建筑学中的比例和尺度运用到中国古代建筑中去。事实证明，中国古代建筑取得了非常辉煌的成就，从各个省份遗留下来的文物古迹中我们可以发现，很多建筑历经了千年仍然保存完好，可以供后人进行学习和观赏，更可以方便建筑学家去研究古人是如何将建筑学中的比例和尺度运用到建筑中去的。以明清两朝的皇宫为例。北京故宫建筑群规模庞大，房子的数量高达几千间，每一座宫殿的坐落位置都有所讲究，都是经过工匠长时间的商讨才最终建成了这样一座规模宏大的艺术建筑群。以太和殿为例，太和殿除了与其他宫殿一样具备的对称分布格局之外，还位于北京紫禁城南北主轴线的显要位置。若不是古代的建筑学家将尺度和比例运用到建筑学中去，仅凭当时的测量技术根本无法实现这一目的。

（二）比例和尺度在当代建筑中的运用

比例和尺度对于建筑学的影响不仅是对古代建筑有着深刻的影响，对于现在建筑也有着重要的影响。在现代建筑中，由于科学技术的进步和生产力水平的提高，我们可以在建筑中越来越多地发现比例与尺度在建筑构图中的运用。

1.比例与尺度在建筑构图中的运用

在建筑设计中，比例和尺度是决定建筑整体外观和空间布局的重要因素。建筑师通过合理的比例和尺度设计，可以使建筑物显得稳重、和谐和美观。例如，柯布西耶提出的模度理论，将建筑设计划分为一系列规定好的尺度和比例，使得建筑物的各个部分之间保持一致和协调，从而增强了建筑的整体感和美感。

2.比例与尺度在建筑结构中的运用

除了影响建筑的外观和布局外，比例和尺度也直接影响到建筑的结构设计。在现代建筑中，建筑师需要考虑到建筑材料的特性和承载能力。通过合理的比例和尺度设计，确保建筑结构的稳定性和安全性。例如，在高层建筑的设计中，比例和尺度的精确计算可以有效地减轻结构荷载，提高建筑的抗震性能，确保建筑的安全和稳定。

3. 比例与尺度在建筑美学中的运用

在建筑美学方面，比例和尺度的运用直接影响着人们对建筑的审美体验。合理的比例和尺度设计可以使建筑物呈现出统一、和谐和美感的外观，给人以舒适和愉悦的感受。例如，北京国家体育场（鸟巢）的设计就充分运用了比例和尺度的概念，使建筑物呈现出流畅、动感的外观，吸引了全世界的目光，成为一座现代建筑的经典之作。

第三节　材料与手工艺

一、传统建筑中材料选择的考量因素与特点

（一）环境条件

1. 气候环境影响

传统建筑在选择材料时必须考虑当地的气候条件。例如，中国南方地区气候湿润，多雨潮湿，因此建筑材料需要具有良好的耐水性。在这种情况下，常见的建筑材料包括青砖、花岗岩等，它们具有优良的防水性能，可以有效地抵御雨水侵蚀，保证建筑的稳固性和耐久性。

2. 地形地质条件考虑

地形地质条件也是影响材料选择的重要因素之一。例如，一些地区地质条件复杂，存在地震、滑坡等自然灾害风险，因此建筑材料需要具有较强的抗震能力。在这种情况下，常见的建筑材料包括钢筋混凝土、钢材等，它们具有良好的抗震性能，可以有效地保护建筑不受地质灾害的影响。

3. 地理位置影响

建筑材料的选择还受到建筑所处地理位置的影响。例如，海岛地区多受海洋气候影响，空气中盐分含量较高，因此建筑材料需要具有良好的耐腐蚀性。在这种情况下，常见的建筑材料包括不锈钢、铝合金等，它们具有优异的抗腐蚀性能，可以有效地延长建筑的使用寿命。

（二）传统文化

1. 历史传承

在建筑设计中，人们常常借鉴和传承先人的建筑经验和传统技艺，选择与当地文化相契合的建筑材料。例如，中国古代建筑常采用木材、砖石等天然材料，这与中国古代文化中对自然的崇拜和尊重有着密切的联系。

2. 信仰影响

在一些信仰场所的建筑设计中，常常选择与信仰相契合的建筑材料，以体现信仰文化的特点和神圣性。例如，伊斯兰教建筑中常采用大理石、石灰岩等石材，以体现伊斯兰文化中的庄严和神圣。

（三）地域特色

1. 地理环境影响

地域特色也会影响建筑材料的选择。不同地区的自然资源和气候条件不同，因此建筑材料的选择也会有所差异。例如，山区地区多采用木材和石材等天然材料，这与山区地形复杂、植被茂密的特点相适应。

2. 传统文化影响

地域特色还受到当地传统文化的影响。一些地区的传统文化和民俗习惯会影响人们对建筑材料的选择。例如，中国南方地区的民居常采用竹木结构，这与南方地区丰富的竹资源和对竹文化的推崇有关。

3. 经济条件考量

地域特色还会受到经济条件的影响。一些地区资源丰富，建筑材料供应充足，因此建筑材料的选择相对较多；而一些地区资源匮乏，建筑材料选择则可能受到限制，需要更多地考虑经济成本和可获得性。因此，地域特色在建筑材料选择中既反映了当地的地理环境和传统文化，也受到了经济条件的制约和影响。

二、传统建筑中的手工艺技艺及其在建筑中的应用

（一）木雕

中国讲求"天人合一"，崇尚自然，与自然相融相生。所以，几千年来，中国建筑一直以木构架建筑房舍宫府，形成了我国独特的木建筑。建筑木雕则始于对部分构件的装饰加工，使之符合于建筑审美的需要。久而久之，便成了建

筑中不可缺少的部分，并融于整体建筑中，与白墙青瓦相呼应，构成了和谐统一的整体建筑外观。同时，木雕的形象与庭园草木、室内陈设家具相互映衬，体现了中国人特有的精神与审美趣味。

图 4-1　中国建筑木雕例图（一）

1. 木雕在中国传统建筑中的应用

木雕作为一种装饰手法，在中国传统建筑中得到了广泛应用。无论是寺庙、宫殿、民居还是园林，都可以看到木雕的踪迹。木雕常用于门楣、梁柱、栏杆、窗棂等建筑构件的装饰，以及家具、壁画等的制作。通过精湛的木雕技艺，建筑和室内空间不仅得到了装饰，还展现出了独特的艺术魅力和文化内涵。

图 4-2　中国建筑木雕例图（二）

图4-3　中国建筑木雕例图（三）

2.木雕的技艺特点和历史渊源

木雕在中国可以追溯到战国时期，而在两宋时期更是达到了相当成熟的程度。从宋代《营造法式》中可以看出，当时已经形成了关于建筑木雕的详细做法和图样。明清时期，木雕技艺更加发达，开始向立体化方向发展。在木雕的制作过程中，对木材的选择和技法的运用十分重要。木雕常用的技法包括混雕、剔地雕、线雕、透空雕、贴雕等，每种技法都有其独特的特点和应用场景。

3.木雕的艺术内涵和文化意义

传统木雕的图案具有丰富的内涵，反映了中国传统文化的精髓和审美趣味。木雕的题材内容通常寄寓着人们对美好生活的向往，如对婚姻家庭、健康长寿、生活幸福等的祝愿和希冀。木雕作品通过不同的图案和装饰手法，体现了民间美术的共性，渗透着中国传统文化所蕴含的思想方式、价值观念和行为准则。因此，木雕不仅是一种装饰手法，更是中国传统文化的重要表现形式之一。

（二）砖雕

我国民居砖雕艺术不仅历史悠久，而且由于南北地域、文化的差异，各地的民居砖雕在风格、手法等方面有很大差异。江南民居砖雕风格纤细、刻工精良，空间层次丰富、意境深远，富于文人趣味。北方砖雕构图丰满、纹饰繁缛，刀法浑厚朴茂，于雄浑之余透出粗犷之气。岭南一带民居砖雕手法更自由，体裁更丰富，民俗趣味浓厚。在众多民居砖雕流派中，发展最完善、成就最高的当数徽派砖雕以及受其影响演化发展而成的扬州、苏杭一带的江南民居砖雕艺术。例如，借桃代寿、借牡丹代富贵、借石榴代多子；以羊隐喻孝，以"暗八仙"代祝寿，以梅、兰、竹、菊拟君子德行（见图4-4）。

图4-4　砖雕例图

1.历代砖瓦发展概述

（1）古代砖瓦的萌芽和发展

砖瓦作为建筑材料，其历史可以追溯到西周时期。战国时代，随着铁器的使用和木模加工技术的进步，青砖、城砖等砖瓦逐渐取代了传统的土坯建筑材料，成为建筑中的主要材料之一。两汉时代，砖瓦的应用更加普遍，不仅用于墓穴的建造，还用于屋舍建筑中的屋顶覆盖，使得建筑更加牢固耐用。

（2）南北朝时期的砖雕艺术

南北朝时期是中国砖雕艺术发展的重要时期。在这个时期，砖雕艺术逐渐成熟，呈现出了独特的风格和特点。特别是在佛教建筑中，砖雕得到了广泛应用，如南方的密檐式佛塔、北方的仿木结构墓穴等。这些砖雕作品不仅在技艺上达到了很高的水平，而且在题材和造型上也体现出当时社会和文化的特点。

（3）宋代砖雕装饰的繁荣时期

宋代是中国砖雕装饰艺术发展的高峰期。在北宋和南宋时期，砖雕装饰达到了前所未有的繁荣。特别是在北方的辽金地区和南方的山西晋南地区，出现了大量规模宏大、工艺精湛的砖雕作品，如仿木结构墓穴、贵族墓穴等。这些作品不仅在构造上具有独特的风格，而且在雕刻技艺和题材内容上也展现出了当时的审美情趣和文化内涵。

（4）清代以后砖雕的衰落

清代以后，随着社会的变迁和文化的演变，砖雕艺术逐渐走向衰落。尤其是在民居建筑中，砖雕装饰呈现出繁缛化的倾向，追求戏剧性和浮华的表现形式，失去了原有的朴素和典雅。这种现象不仅违背了砖瓦作为建筑材料的基本特性，也束缚了砖雕艺术的创造力和生命力，导致其逐渐走向没落。

历代砖瓦的发展充分体现了中国古代建筑艺术的辉煌成就和丰富内涵。从古代砖瓦的萌芽到宋代砖雕装饰的繁荣，再到清代以后砖雕的衰落，这一过程反映了中国社会和文化的变迁。同时，我们也应该反思历史上砖瓦作为建筑材料和装饰手法的特点和局限性，以及如何在当代进行创新和传承，使其发挥更大的艺术和文化价值。

2. 民居砖雕艺术的主要流派

（1）徽州砖雕

徽州民居素来以"三雕"著称于世，一村之内、一宇之中往往木雕、石雕、砖雕三艺齐备，三雕并美。在古徽州六县古民居中，风格独特、工艺精良的砖雕作品可谓比比皆是，其流韵直接影响到江浙一带的砖雕艺术。徽州砖雕在画面构图和雕作技法上大胆借鉴了新安版画的艺术成就和北方官式建筑的砖作工艺。与徽州天井院民居一样，徽州砖雕也是熔冶古今、自成一格的大制作。徽州民居历来以小巧精致著称，由于自然地理条件的限制和封建礼法的严格制约，徽州民居并不追求建筑的对称、工整和恢宏的气势，而以典雅、精工和秀逸见长。故而徽州建筑在雕刻装饰上极尽工巧之能事，尤其是门楼、八字墙等处的砖雕运用，更是别具地方风味。

徽州砖雕最杰出之处是门楼、门罩。它们形式多样，有垂花门楼、飞砖式门罩，有普通的双柱门楼，也有四柱三间五凤门楼，有的门楼下抱鼓石，样式和牌坊类似。徽州人对住宅门楼的装饰极为看重，视其为"门脸"。无论富贾豪门还是平民百姓，门楼、门罩都是其建筑雕刻的重点所在。在大块素白的建筑立面上以浅刻、透雕甚至圆雕、捏塑等手法雕出独幅或成组的生动形象，在灰瓦粉墙的映衬下显得尤其突出，光影变化丰富，无论立体或平面化门罩都能起到画龙点睛的作用。祠堂和富商之家的门楼大多为五凤楼样式，一主二副对称布局，显得庄重大方。从檐口向内以青砖起三道叠涩，下饰花边，此下依次安装额枋、方框、元宝横枋、字匾等，直至与墙体平。普通民居门楼则相对单纯，仅在大门外框上方以磨砖砌成外凸的线脚，顶上附以飞砖檐条，上覆瓦檐。徽州砖雕一般凸起较小，出墙仅半尺许，属平面类砖雕。门楼雕刻集中于构件横竖交接的部位，起到收头和点缀作用。

通景枋是门楼装饰的重点，多为整组具有情节的群雕。一条通景就是一幅手卷或人物画、山水画，长六七尺，高一尺多，以五至七块水磨青砖拼成。题材以人物、楼台为主，主体人物突起于前，衬景往往阴刻于后，纵深上相互掩映。由于刀法精熟，在厚不盈寸的薄条砖上，往往能雕镂达六七层之多，前呼后应，具有层次美和距离感，光影效果显著，与中国古典园林的借景手法有异曲同工之妙。徽州门楼艺术上的可贵之处在于注重平面构成形式，装饰有节制，简繁得体，体现出古雅的文化品位，这在民居砖雕中是不多见的。从这个意义上讲，徽州门楼砖雕的成就是独特的，它和高高的马头墙、深宅、天井一样，是徽州民居建筑文化的独特表现形式。

（2）扬州、苏州地区的砖雕

扬州和苏州地区的砖雕艺术，受到了徽州砖雕的深远影响，同时融入了当地的商业和市民文化，形成了独特的地域风格和特色。相较于北方砖雕的饱满壮硕和闽粤地区砖雕的繁缛细密，扬州、苏州地区的砖雕显得更加精巧而不失沉稳。

①受徽派砖雕影响的特点

扬州、苏州地区的砖雕继承了徽州砖雕的典雅风格，雕刻精巧而不显得过于细腻。其艺术风格注重于精致的雕刻和简洁的构思，呈现出一种醇厚而古雅的美感。

这一地区的砖雕艺术还融入了浓郁的商业和市民文化，体现了人们对美好生活的向往和追求。商业活动的繁荣和市民生活的多样性都在砖雕作品中得到了充分体现。

②构思奇巧，匠心独运

扬州地区的砖雕作品以局部装饰图案见长，而非大幅砖雕，这体现了匠人在细节上的关怀和对艺术品质的追求。在墀头、挂牙等细节处，匠人们精雕细琢，将每一处细节都雕刻得精美而生动。

砖雕图案中几何纹饰占据主导地位，常以剔地浅起、重线条质感为特点。尤其是在早期砖雕作品中，棱线劲健、峭拔，展现出了独特的线条美感。

③兼容并蓄，形成过渡性风格

扬州、苏州地区的砖雕艺术是南北砖雕流变过程中的中间状态，具有明显的过渡性和兼容性。其艺术风格既受到了南方砖雕的影响，又保留了北方砖雕的一些特点，形成了独特的地域风格。

这一地区的砖雕作品呈现出平面化和立体化两个发展方向。镇江、南京等地的民居砖雕更多地采用平面化手法，而苏州、杭州等地的砖雕则更倾向于立体化表现，展现出不同的审美趣味和文化特色。

扬州和苏州地区的砖雕艺术在历史上扮演着重要的角色，不仅丰富了中国传统建筑艺术的内涵，也反映了当地地域文化和历史底蕴的独特魅力。通过对其特点和发展历程的深入了解，可以更好地理解和欣赏这一地区独特的艺术形式。

3. 砖雕艺术形成和发展的基础

（1）青砖的制作

与中国辉煌的传统砖作艺术密切相关的要素是青砖的独特制作工艺。中国砖雕艺术之所以能历久不衰，成为建筑外装饰的主要手法，很大程度上得益于青砖的优良质地。雕作用青砖质地缜密细腻，无任何孔隙，与普通砌筑用砖截然不同。青砖在制作上历来就有一套严格的规程，从选泥、入池、沉淀到踩泥、制坯、晾制、烧制直至封窑、浸水都是倍加小心。仅以踩泥一项为例，半干的泥糊在检查无砂粒之后需搬入制作池中，以牛蹄反复踏成泥筋（俗称"千斤泥"），以备制坯。明清砖瓦作书籍中多次提到的"停泥砖"做法，就是其中的典型。这种对青砖高品质的执着追求是江南砖雕艺术得以久盛不衰的一个重要先决条件。明清时期，苏州和扬州等地出产的优质青砖被称为"金砖"，既指砖的质地坚实缜密，扣之铿然有金属之声，也是说明这种贡砖制作不易、价值连城。

（2）社会文化基础

明清时代是砖雕艺术的鼎盛时期。汉魏以前，砖雕艺术的成就主要表现在墓穴装饰，如画像砖艺术。唐宋的砖雕也大都被用于佛塔和砖石墓装饰。直到明清时期，砖雕艺术才被广泛应用于民居建筑，砖雕因其造价低廉、制作便捷而成为木雕装饰的主要替代品。明清以来，民居砖雕呈现出风格多样、手法细腻的特点，与江南地区的独特社会环境有关。正如近代晋陕商人的崛起和商业资本的活跃推动了山西民居砖雕艺术的发展，徽州砖雕的发展同样得益于徽商雄厚的经济基础和儒商一体的文化氛围。徽州砖雕艺术发展的另一个契机则是明代中期以来严格的建筑规制。对民居装饰的严格限制，促使徽州民居朝着典雅秀丽方向发展，通过雕饰的华丽、精工细作显现出玲珑奇巧和匠心独运；对于民居彩绘的限制，促使江南民居形成了以黑、白、灰为主的典雅的装饰风格，而砖雕则是形成这种朴素风格的理想选择。从微观角度看，徽州砖雕艺术在形式上极大地借鉴了明清新安文人画意境，在技法上，更是新安版画的深入和流变。与此相似，扬州砖雕的发展也得益于独特的社会和人文环境，加之扬州地处南北交界之地，最终促成了扬州砖雕兼容并蓄、融合南北而自成一格的特点。而闽、粤地区民居砖雕的繁缛风格和浓郁的民俗文化品味，则与这些地区相对落后的文化环境和闭塞的地理环境有关，如福建泰宁尚书第门楼砖雕等。

4.砖雕的类型和工艺特点

（1）类型分析

①组合型砖雕

组合型砖雕是将多块砖雕有机地组合成一个完整的、较长或较大面积的砖雕整体。常见于寺庙、社祠等的大门八字墙和影壁上。其图案多为中部的团龙、团花以及四角的云龙、云鹤等。这种类型的砖雕注重整体的布局和结构，展现出宏伟壮丽的气势。

②单体型砖雕

单体型砖雕是指镶嵌在某些砖细光面砖内或作为一组平面雕的构件来点缀的砖雕。这些砖雕常见于富豪的门楼或门罩之上，其内容包括山水人物、楼台亭阁、梁驮、雀替、挂狮、角花和虎头牌等。这类砖雕具有相当水平的工艺技巧，层次丰富、雕刻精湛。

（2）工艺特点

①平面雕

平面雕是砖雕中常见的一种类型，雕刻多样纹头和各种象征性图案，底面和雕面均为光平。这种雕刻适用于建筑物较低或易触部位，也常用于透雕的保护边框。

②浅浮雕

浅浮雕是较为明确地体现立体感觉的砖雕类型，如花鸟图案、门楼上的梁袱等。这些砖雕因凸出面低浅，往往在凹下的平底上再刻画些纹头或砂底，增加了层次感。

③深浮雕

深浮雕具有明显的立体感觉，某些部位具有镂空，常用于中等规模的古建筑物上，作为构建或体现事物的象征。这种雕刻在手法和技巧方面体现出凸凹两种画面雕法。

④透雕

透雕是一种具有一定雕琢难度、立体感较强的砖雕类型，常见于富豪商贾的门楼上。这种砖雕多处镂空，层次丰富，技艺水平和精密度较高，展现出独特的艺术魅力。

⑤镂空雕

镂空雕是一种砖雕类型，除了与建筑物相接触的一面外，其余凸出部分均为镂空雕刻。这种砖雕能够从不同角度反映立体画面，展现出丰富多彩的艺术效果。

（三）石雕

石雕是利用石材雕刻出各种形态的技艺，常用于建筑的门楣、石柱、栏杆等部位的装饰。石雕工艺精湛，常常以龙、凤、狮等祥瑞图案为主题，体现出建筑主人的身份和地位。

图 4-5　石雕例图（一）

图 4-6　石雕例图（二）

1. 按照传统手工业的划分

（1）石作行业

①大石作

大石作主要包括对大型石料的加工和雕刻，匠人称为大石匠。这些大型石料通常用于建筑、园林和雕塑等领域，需要经过精细加工和雕琢，以展现出其独特的美学和功能特点。

②花石作

花石作是指对花岗岩等石材进行雕刻和装饰的工艺，匠人称为花石匠。建筑石雕作品属于花石作范畴，常用于建筑的装饰和点缀，以增添建筑的美感和艺术氛围。

（2）石雕工具

①錾子

錾子是用于打荒料和打糙的主要工具，常见的直径约为1厘米左右。匠人使用錾子对石料进行粗加工，为后续的雕刻和装饰打下基础。

②扁子

扁子又称扁錾，主要用于石料的齐边或雕刻时的扁光。根据宽度的不同，可分为大扁子和小扁子，用途也略有区别。

③锤子

锤子分为花锤、双面锤和两用锤等，用途各异。花锤常用于敲打不平的石料使其平整，而双面锤则一面作花锤，一面作普通锤。

④剁斧

剁斧是一种介于斧子与锤子之间的工具，一端是锤，另一端像斧子的刃，用于截断石料。它具有独特的形状设计，使得剁斧在石料加工中具有高效和精准的特点。

⑤剁子

剁子是专门用于截取石料的錾子，早期的剁子下端一般为方柱体，后来逐渐改进为直角三角形，以提高工作效率和精度。

⑥刀子

刀子用于雕刻花纹，既有雕刻直线的直刃刀，也有雕刻曲线的圆刃刀。匠人根据具体的雕刻需求选择不同类型的刀子进行操作。

⑦哈子

哈子是一种特殊的斧子，专门用于花岗岩的表面处理。它的设计结构使得剁出的石渣不会溅向人体，确保工作安全和效率。

（2）我国石雕工艺所用的石材的种类

①汉白玉

根据不同的质感，汉白玉石料又被细分为"水白""旱白""雪花白""青白"四种。汉白玉具有洁白晶莹的质感，质地较软，石纹细，宜于雕刻，多应用于宫殿建筑装饰雕刻。如北京故宫内影壁、石栏杆、石狮子、须弥座等，大多用汉白玉石料雕刻而成，给人以素雅大气的感觉。

②青白石

青白石的种类较多，同为青白石，由于颜色和花纹相差很大，又分为青石、白石、青石白碴、砖碴石、豆瓣绿、艾叶青等。青白石质地较硬，质感细腻，不易风化，多用于宫殿建筑及带雕刻的石活。

③花岗石

花岗岩种类很多，因产地和质感不同，有很多名称，主要有麻石、金山石和焦山石。北方出产的花岗石多称为豆碴石或虎皮石。其中呈褐色的多称为虎皮石，其余的统称为豆碴石。花岗岩质地坚硬，不易风化，适于做台基、阶条石、地面等，但石纹粗糙，不易精雕细镂。

石料的种类如此之多，因此，即使在同一建筑中，也需要根据部位的不同而选择石材。石材常见的缺陷是裂缝、隐残（即石料内部有裂缝）、纹理不顺、污点、红紫线、石瑕和石铁等。有裂纹、隐残的石料一般不宜选用。

石料纹理以顺溜最好，斜纹理或横纹理的石料不宜用作承重构件及雕刻。有石瑕的石料也不宜用于重要构件，尤其是悬挑构件。有污点、红白线的石料，一般放在不引人注意的位置。石铁在石面上局部发黑或发白，而且石料不易磨光磨齐，一般被安放在不需磨光的部位。

第四节　空间布局与功能分区

一、传统住宅建筑中的空间布局原则与技巧

我国的传统建筑在空间布局上具有显著的组群性，其空间组织方式主要分为两种类型：严格的对称布局和自然式布局。前者如乔家大院（如图4-7），后者如苏州园林（如图4-8）。这种对称布局反映了中国建筑在官式和礼制方面的独特性，而园林的自然式布局则充分展现了私人园林的个性与特色。

无论布局如何变化，有一点始终不变，那就是中国传统建筑的内向性和封闭性。建筑的外部空间通常是完全封闭的，而内部空间则通过庭院、室内的连贯布局，形成独特的营造特色。中国人对院子的空间布局尤为重视，内部空间与外部空间之间的关系非常自由。例如，苏州园林中的漏窗不仅展现了各种形状，还体现了我国古代建筑中"框景"的技艺。

图 4-7　乔家大院　　　　　　　　图 4-8　苏州园林

（一）空间布局原则

1. 对称与自然

（1）对称的严谨布局

在中国传统建筑中，对称布局常常被视为一种尊贵的表现方式，体现了官式建筑的庄严与礼制。以乔家大院为例，其严格的对称布局体现了中国古代官方建筑的典型特征。从整体结构到细微之处，都呈现出左右对称、前后对称的严谨格局。这种布局方式不仅体现了中国古代社会等级制度的思想，也反映了中国传统建筑审美观念中的"天人合一"理念。

（2）自然的韵味与情趣

与严谨的对称布局相对应的是私家园林的自然布局，如苏州园林等。这些园林借鉴自然山水的景致，融入了湖泊、假山、奇石、树木等自然元素，打造出了富有诗意和情趣的空间格局。在苏州园林中，弯曲的小径、曲折的水面、错落有致的建筑，都展现了一种恬静、优美的自然景致，让人沉浸其中，感受自然之美。

（3）文化内涵的传承与发展

对称与自然的空间布局不仅是建筑形式的表现，更蕴含着丰富的文化内涵。对称布局体现了中国古代礼制和官方权力的象征，是中国传统社会秩序和等级观念的体现；而自然布局则反映了中国人对自然的敬畏和向往，体现了"山水之间，心境自得"的生活理想。这种对称与自然的空间布局，在中国建筑历史长河中得以传承与发展，成为中国建筑文化的重要组成部分。

（4）空间布局的审美与功能融合

对称与自然的空间布局不仅具有审美价值，更注重功能与实用性的融合。

在对称布局中，建筑结构通常体现出严密的组织与规整的布局，以实现室内空间的合理利用；而自然布局则注重营造舒适的居住环境和宜人的生活氛围，通过自然景观的布置，增添居住者的生活情趣和享受空间的愉悦感。

2. 内向封闭

（1）建筑结构的封闭性

中国传统建筑常常采用高墙、围廊等结构来实现对外部世界的封闭。高墙作为建筑的外围边界，起到了隔离内外空间的作用。这些高墙不仅具有防御和保护的功能，还象征着主人对于私密空间的保护和控制。围廊则是连接建筑各个部分的走廊。通过围廊的设置，建筑内部空间与外部环境形成了一种明确的分隔，同时也为居住者提供了私密的活动场所。

（2）安全感的追求

内向封闭的建筑结构给人们带来了一种安全感。在中国古代社会，封闭的建筑空间能够有效地保护居住者免受外部环境的干扰和威胁，为居住者提供一个安全、稳定的生活环境。尤其是在战乱频繁的时代，高墙围绕的建筑空间成为人们避难和休息的避风港，保障了居住者的生命安全。

（3）礼制与阶级观念的体现

内向封闭的建筑结构也反映了中国古代社会的礼制和阶级观念。在中国传统文化中，私密空间被视为尊贵的象征，只有达到一定社会地位和身份的人才能享有。因此，高墙围绕的建筑空间常常被视为富有权势和地位的象征，体现了主人的身份地位和社会地位。

（4）生活方式与文化内涵

内向封闭的建筑结构也影响着人们的生活方式和文化内涵。在封闭的建筑空间内，人们更注重家庭生活的和谐与安宁，尊重传统礼仪和家族规范，培养着亲情和友情。这种封闭的生活方式不仅体现了中国传统文化中的家族观念和社会伦理，也塑造了中国人独特的生活方式和精神世界。

（二）空间布局技巧

1. 庭院连通

（1）庭院的功能意义

庭院作为建筑的中心空间，承载着丰富的功能。首先，它是室内与室外的过渡空间，起到了连接内外环境的作用。其次，庭院也是人们日常生活的场所，可以用来晾晒衣物、种植花草、娱乐休闲等。最后，庭院还承载着人们的社交活动，成为邻里互动和家族团聚的场所。

（2）庭院的形态特征

庭院的大小、形状和布局因地制宜，根据建筑的整体风格和功能需求而有所调整。有的庭院宽敞开阔，有的小巧精致，有的呈现出规整的几何形状，有的则展现出自然的曲线美。无论形态如何，庭院都与周围空间保持着和谐统一，与室内外环境相得益彰。

（3）庭院的设计原则

在设计庭院时，需要考虑多方面因素以确保其功能和美感的兼顾。首先是采光通风，保证庭院有足够的阳光和空气流通；其次是绿化美化，通过种植花草树木等增加庭院的生机和美感；再次是水景装饰，可以设置池塘、喷泉等水景元素，营造出静谧的氛围。最后，庭院的铺装材料、围合结构等也需要根据实际需要和风格要求进行选择和设计。

（4）庭院的文化内涵

庭院不仅是建筑空间的一部分，更承载着丰富的文化内涵。在中国传统文化中，庭院被赋予了深厚的意义，代表着家族的团结、文化的传承和生活的美好。庭院不仅是家庭生活的重要场所，也是文人墨客创作诗词、绘画的灵感源泉，是传统文化与人文精神的具体体现。

2. 内外自由互动

（1）门窗的连接

门窗作为室内与室外的过渡结构，在中国传统建筑中发挥着重要的连接作用。通过巧妙设计，门窗成为内外空间之间的纽带，使得居住者可以轻松地在室内外穿行。传统建筑中的门窗往往设计得开合自如，能够随时与外界进行互动，让室内的光线、气息与庭院的景致无阻碍地流通。

（2）走廊与过厅的串联

在传统建筑的布局中，走廊和过厅被设计成连接室内各个功能区域的通道，同时也是室内与庭院之间的桥梁。通过走廊和过厅的串联，将室内的不同区域有机地连接在一起，使得居住者可以在内外空间之间自由穿梭，感受到空间的流动和延展。

（3）庭院的内外延伸

庭院作为传统建筑的核心空间，与室内空间形成了内外延伸的关系。室内的房间通常会朝向庭院开放，通过宽敞的门窗和过厅，将室内的景观与庭院的景致有机地连接在一起。这种内外延伸的设计理念，使得居住者可以在室内欣赏到庭院的美景，同时在庭院中感受到室内的温暖与舒适。

（4）自然与人文的融合

内外自由互动的设计理念，不仅使居住者可以随时与自然环境进行互动，还为人文精神的表达提供了更广阔的空间。在室内与庭院的交融中，自然景观与建筑艺术相辅相成，形成了独特的生活氛围和文化气息。居住者在这样的环境中，不仅能够感受到自然之美，也能够体味到人文之韵，实现了自然与人文的完美融合。

3. 框景设计

（1）框景的形成

框景设计通常是通过建筑结构来营造的，如设置在室内的窗户、门廊、廊柱等。这些建筑元素在空间布局中被巧妙地布置，使得室内外景观被有序地"框"在其中，形成了如同画框一般的效果。框景的形成不仅需要考虑建筑结构的位置和布局，还需要考虑景物的选择和搭配以及光线的引导和控制，从而达到最佳的景观效果。

（2）层次分明的景观

框景设计的一个显著特点是其能够营造出层次分明的景观效果。通过合理设置建筑结构和景物，可以将庭院、花木、假山等不同元素划分成不同的层次，形成前景、中景和远景等多层次的景观画面。这种层次分明的设计让人在欣赏景观时能够感受到丰富的空间层次和景深感，增加了观赏的乐趣和趣味性。

（3）艺术性与观赏性

框景设计不仅具有艺术性，还具有较高的观赏性。通过精心设计和布置，建筑结构与景物相互映衬，相得益彰，形成了独特的空间美感。在不同季节、不同时间，框景中的景物也呈现出多变的色彩和氛围，为居住者带来不同的视觉享受。因此，框景设计成为中国传统建筑中不可或缺的景观营造手法，为人们创造了美好的居住环境和生活体验。

（4）空间的延伸与衍生

框景设计不仅仅局限于室内外的空间框架，还可以延伸至整个建筑群的布局和周边环境的景观设计中。通过合理设置建筑的位置和布局，以及引导周围环境的自然景观，可以使框景设计得以在更大范围内得以体现和发挥作用，从而为整个建筑环境增添了独特的艺术魅力和文化内涵。

二、功能分区在传统住宅建筑设计中的重要性与实践方法

（一）重要性

1.提高生活品质

（1）降低生活干扰

将不同功能的区域明确划分，有助于降低生活活动之间的干扰。例如，将厨房与卧室区分开来，可以减少烹饪所带来的噪音和异味对卧室的影响。

（2）提供私密休息空间

通过合理划分卧室区域，传统住宅可以为家庭成员提供私密的休息空间，保障个人隐私和休息品质。卧室作为休息和睡眠的主要场所，其舒适性和私密性对居民的生活品质至关重要。

（3）增强居住舒适感

合理的功能分区设计可以提高居住舒适感。例如，将起居区设计在阳光充足的位置，利用自然光线和通风来提升室内舒适度；同时，通过合理布置家具和装饰，营造温馨舒适的居住氛围，增强居民的生活幸福感。

（4）提高空间利用率

通过功能分区的合理设计，传统住宅能够最大限度地利用建筑空间，提高空间利用率。合理划分功能区域，避免空间浪费和混乱不堪的情况发生，为居民提供更为宽敞、整洁的生活空间。

（5）促进家庭成员交流与互动

功能分区设计不仅可以满足家庭成员的个人需求，还能够促进家庭成员之间的交流与互动。例如，起居区作为家庭共享空间，可以促进家庭成员之间的交流和互动，增强家庭凝聚力和幸福感。

2.提高空间利用率

（1）功能区域划分清晰

需要将建筑空间划分为不同的功能区域，如起居区、卧室区、厨房区、卫生间区等。每个功能区域应该在布局和设计上有明确的界限和区分，避免功能之间的交叉和混淆。例如，将厨房与客厅相对独立，既便于烹饪操作，又能保持客厅的整洁和舒适。

（2）灵活运用空间

在功能分区设计中，可以灵活运用空间，将一些功能相对独立但又不常用的区域进行合理利用。例如，可以将楼梯下的空间设计成储物室或者书房，充分利用这一区域的空间，增加室内的功能性。

（3）通风采光设计

合理的通风采光设计也是提高空间利用率的重要因素之一。通过合理设置窗户、天窗等开口，引入自然光线和新鲜空气，提升室内的舒适度和宜居性。同时，合理设置通风口和排气口，有效排除室内的异味和湿气，保持室内空气清新。

（4）精简布局设计

在空间布局设计上，要尽量精简布局，避免过多的走廊和过道，以充分利用可利用的建筑空间。合理的布局设计不仅能够提高空间利用率，还能够提升居住舒适度和便利性。

（二）实践方法

1.功能需求调查

在进行住宅设计之前，需要对居住者的生活习惯和功能需求进行充分了解和调查。通过与业主的沟通，了解他们的生活方式、家庭成员结构、工作习惯等信息，从而确定不同功能区域的设置和布局。

2.功能区域划分

在划分功能区域时，需要考虑到各区域之间的关联性和流通性，保证功能区域之间的合理连接和交流。

3.空间布局设计

在功能区域划分的基础上，进行空间布局设计。根据功能需求和空间大小，确定每个功能区域的位置和大小。在布局设计中，需要考虑到通风采光、视觉连通性、私密性等因素，以确保每个功能区域都能够得到充分利用和满足。

4.合理配套设施设置

在功能区域的设计中，需要考虑到配套设施的设置和布置。例如，卧室区需要考虑到床铺、衣柜等家具的摆放，厨房区需要考虑到灶台、水槽等厨房设备的布置。合理设置配套设施能够提高功能区域的使用效率和便利性。

5.细节处理和装饰设计

在功能区域的设计中，还需要注意细节处理和装饰设计。例如，在起居区可以设置舒适的沙发、茶几等家具，营造温馨舒适的氛围；在卧室区可以选择柔软舒适的床品和灯具，打造舒适宜人的睡眠环境。通过精心的细节处理和装饰设计，能够提升功能区域的整体品质和美感。

第五节　色彩与装饰

一、传统建筑中色彩运用的相关理论

（一）中国建筑中的色彩运用

作为一个拥有5000年上下文明的历史国度，中国在建筑方面和色彩应用方面都具有悠久的历史，我国先民在很早以前就已经关注色彩在社会各方面的应用，甚至赋予了他们神圣的含义。经考古发现，原始社会时期的很多墓穴当中或者遗迹当中都出现了红色粉末，它们被撒在入葬者的周围，形成一种诡异的场景。专家认为。这里场景中的红色粉末并非美化的作用，而更可能是神圣含义的视觉化表征。《周礼》中曾记载："以玉作六器，以礼天地四方。以苍璧礼仪，以黄琮礼地，以青圭礼东方、以赤璋礼南方、以白琥礼西方、以玄璜礼北方。"在这里，不同颜色的玉被用来祭祀不同的方向，古人通过建构不同色彩的属性，赋予其一种等级划分的含义，并且通过色彩属性的划分将其应用在各种公共制度及社交场所。古人云："楹，天子丹，诸侯黝，大夫苍，士黈。"通过不同地域、不同阶级地位的属性划分，古人将厅堂前的柱子根据人的社会地位施以不同的颜色。朝堂之上的柱子是红色的，诸侯家中的柱子是黑色的，大夫家中的柱子是青色的，私人家中的柱子是土黄色的。这种划分就充分说明了建筑色彩的应用与社会阶级划分息息相关的历史图景。

春秋战国时期，宫殿建筑当中已经普遍地施以彩绘，颜色同样被用来"明贵贱、辨等级"。"据古代文献记载，汉代宫殿的楼台富丽堂皇，统治阶级一般将青绿色调作为天花天顶的装饰主色调，栋梁为黄、金、红、蓝色调，而柱子或墙面大多用大红色或红色；到了唐代，因为佛教在中国的广泛传播，加之生产力的迅速发展，人们开始喜欢用华贵的色彩，除了青绿色、大红色、黄褐色等颜色外，金银玉器亦成为建筑装饰的必用材料"；至于唐朝，色彩同样是被用来进行阶级划分的一种新的建筑元素；宋代以后，建筑色彩如同宋代其他的艺术特点一样变得清淡如菊，讲究的是以高雅的单纯的色彩进行品位表达。这一时期，建筑的色彩在文化意义表征上传达的是儒家和禅宗思想的一种交流；元明清时代，色彩的运用得到了进一步的延续和变迁。明代继承了宋代的美学倾向，同时又吸收了少数民族的色彩运用方法，官方建筑用色丰富，品相高贵。清代建筑在样式上更加繁琐，而在颜色的应用上也更加华丽，紫禁城就是这一颜色运用的典型代表。其中，色彩不仅用来进行大面积的装饰美化，而且应用在了细节构造上，各部分色彩在人们的生理、心理和情绪改善方面更多地被利用，起到了很好的经营作用。

就民间建筑而言，无论是南方还是北方，大多都保留了建筑原料的本来色彩。其实，古代南北方的建筑在色彩上的差别并不是很大，因为就建筑的原始材料而言往往都是灰色调的，但是在具体的搭配和细节上却能够明显察觉出两者的不同。南方多是以青瓦粉墙为主，这是他们以建筑色彩与当地自然环境相融合的一种尝试和努力，最极致的表现就是南方园林，如拙政园、留园等。其中不仅是一些建筑格局的巧妙经营，而且在素雅单纯的色彩装饰的下，使人产生一种舒适惬意的心理感受。可以说，南方园林就是一本活着的园林景观方面的建筑色彩运用的字典。

（二）建筑环境色彩的功用

1. 环境外观美化

从古至今，无论是东方还是西方在建筑上使用色彩进行环境美化是共通的方式，尤其是在人类居住的建筑物上以色彩装饰是常见手法，甚至在中国古代的一些地下墓室都会采用壁画的方式进行美化，希望墓主人死后还能够像生前一样获得一个缤纷绚烂的世界。在中国传统的木结构建筑中，尤其是寺庙当中，也往往喜欢以山水画和花鸟画以及诗词进行装饰。这些艺术形式的组合使木结构产生了新的活力和生命力，使整个寺庙建筑成为一个大型的环境艺术作品；这种方式在外国同样常见。外国的一些桥梁上面进行图画描绘，描绘的往往是一些具有标志性的重大事件，如有的描绘了欧洲在中世纪黑死病肆虐的惨状，以此来提醒人们要铭记历史。由于文化和民族的差异，虽然中西方建筑在题材和色彩上的选择不尽相同，但是以其进行建筑及环境美化和装饰的作用却往往异曲同工。在现代的住宅建筑设计当中，其色彩的搭配和应用最主要的目的就是环境外观美化，虽然具体的施工方式不同，审美趣味也在历史性地发生着变化，但是，建筑当中的色彩搭配和尝试并没有产生本质的区别。

2. 人文气氛营造

色彩是具有情绪和表情的，并且其情绪取向和表情的变化与人们的心情具有密切的联系。在日常生活中，色彩总是能够在气氛的渲染以及情绪的变化上左右人们的选择。无论人群有什么样的情绪，似乎都可以选择出相应的色彩，并通过在色彩上的意指性的表达将沉闷、轻松、悲伤、愉悦等情绪释放出来。因此，这里有一个关键点，建筑师在进行建筑设计的时候，如何让人们在直观感受上捕捉到自己的设计意图。具体来讲就是，建筑师进行建筑设计的区域是想让人们产生什么样的情绪，这一情绪的产生过程的实质就是人文气氛的产生过程，也是对周遭环境产生作用的过程。

3. 社会身份识别

不同的自然环境、不同的民族、不同的人文氛围在使用色彩上都是基于主体的文化意识形态选择进行的。换句话说，他们对于色彩运用都有一套自己所认可和熟知的运用原理和系统。因此，比较这些不同人群对于色彩的应用就可以对主体进行一个社会身份识别的功能。换言之，正是因为色彩的表达，我们才可以对不同地区的建筑物进行高效率的社会人群区分，才能够在不同环境的对比下有一个清晰、明了的视觉认识和印象。例如，就国内而言，南方的住宅建筑和北方的住宅建筑在色彩运用上有很大的不同。安徽地区的住宅设计，即使是现代楼房设计也往往是采用较为平和的颜色。一些传统建筑物如宏村等，这些传统建筑群因为保存完整而闻名全国，也成为历来写生的基地。其主要建筑物在墙体基调色上以灰白色调为主，这种统一的色彩体现出江南水乡的特征，也表达出当地人们对于色彩的审美趣味。而北方的一些住宅区则往往会使用明快、热烈的颜色进行装饰，这是由于北方地区气候清爽、阳光充足、人群性格爽朗，对这种色系的喜好正体现出他们的性格特点。不仅是南北方有差异，不同民族和种群利用颜色进行身份识别的偏好和策略也有所不同。由于特定文化信仰的不同，逐渐发展出丰富的色彩搭配方案和寓意表征。当然，无论如何，即使时空、民族、国家等多方面都存在差异，但利用建筑物的颜色形成独具特色的传统建筑群是一致的，而该建筑群的颜色识别着他们的身份也是一致的。

4. 文化特色构建

历史时期的不同，自然因素的不同，人文氛围的不同，都会产生在建筑色彩应用方面的差异，而这种差异正是其文化差异的表现。建筑风格和色彩的应用都是表象，文化意义的展现才是主导这一切的最根本的因素。由此反观，以上各种建筑色彩的应用，虽然包含了自然、人文等多重因素，但是我们都可以从文化特色建构的角度重新进行分析。例如，从民族的角度看，我国汉族对红色和黄色在建筑设计上的应用情有独钟，它们在古代的宫殿庙宇当中逐渐被赋予了丰富而深厚的含义。但是从文化的角度看，黄色和红色所代表的丰富而深厚的含义恰恰说明了中华文化复杂的演变和生产过程。

二、色彩与装饰在传统住宅建筑中的运用与表现

在传统住宅建筑中，色彩与装饰常常运用在建筑立面、门窗、屋檐等部位，以及室内的壁画、雕刻、家具等方面。这些色彩和装饰元素不仅丰富了建筑的表现形式，也增添了建筑的艺术魅力和文化内涵。

（一）建筑立面与门窗

在传统住宅建筑中，色彩与装饰常常运用在建筑立面与门窗上，以增强建筑的视觉效果和美感。一般来说，建筑的外立面采用的颜色和装饰元素会考虑到建筑所处的环境和地域文化，以及主人的身份地位。

1. 颜色选择

各种颜色所代表的含义在中国文化中有着悠久的历史，因此在建筑的外立

面装饰中，颜色的选择往往具有深刻的文化内涵。

第一，红色是中国传统文化中最具有象征意义的颜色之一。它代表着喜庆、吉祥和祝福，常常被用于建筑的大门和窗框上。红色不仅能够吸引眼球，还能够给人带来喜悦和愉悦的感觉。在传统住宅建筑中，红色的运用往往体现了主人对美好生活的向往和追求，也象征着家庭的团圆和幸福。

第二，黄色也是传统住宅建筑中常见的一种颜色。黄色代表着富贵、尊贵和庄重，常用于建筑的屋檐和门楣上。黄色的运用不仅能够为建筑增添华丽的气息，还能够彰显主人的财富和社会地位。在中国传统文化中，黄色被视为吉祥的颜色，因此在建筑装饰中广受欢迎。

第三，蓝色在传统住宅建筑中也有着一定的运用。蓝色代表着清新、宁静和祥和，常常被用于建筑的窗框和栏杆上。蓝色的运用能够为建筑增添一分清爽和舒适的感觉，使人感到宁静和放松。在中国传统文化中，蓝色被视为天空和大海的象征，因此在建筑装饰中也常常被选用。

2. 装饰元素

在传统住宅建筑的装饰中，各种雕刻和图案扮演着至关重要的角色。这些装饰元素不仅是对建筑表面的装饰，更是对文化传承和精神寄托的体现。首先，龙凤、瑞兽、花鸟等图案常常出现在建筑的立面、门窗、屋檐等位置。龙凤代表着皇家的权力和尊严，常被视为吉祥的象征；而瑞兽象征着祥瑞和幸福，常被用于祈福和保护；花鸟则代表着生机和美好，常常被用来点缀建筑，增添生机和色彩。这些装饰元素不仅为建筑增添了艺术气息，也寓意着主人对美好生活的向往和追求。其次，传统住宅建筑中的门窗设计也是装饰元素的重要组成部分。传统的回字门、四合院式的窗棂等设计不仅具有独特的格局和样式，也体现了传统文化的精髓和特色。回字门的设计常常带有福字等吉祥图案，寓意着家庭的幸福和安康；而四合院式的窗棂则展现了对家庭和睦团聚的向往和祈愿。这些门窗设计不仅具有美学意义，更蕴含着文化、历史和情感的内涵，是传统住宅建筑中不可或缺的一部分。

（二）室内壁画与雕刻

除了建筑的外部装饰外，传统住宅建筑的室内空间也常常装饰有各种壁画和雕刻，以丰富空间的艺术氛围和文化内涵。

1. 壁画

传统住宅中的壁画是一种重要的装饰元素，常常出现在客厅、厅堂等重要空间的墙壁上。这些壁画通常描绘着各种题材，包括山水、花鸟、人物等，以及富有吉祥寓意的图案，如寿桃、莲花、五谷丰登等。壁画的设计不仅仅是简单的装饰，更是对传统文化、美学观念和精神追求的体现。

第一，壁画的题材多样丰富，常常取材于自然风光和人文景观。山水画是常见的壁画题材之一。通过描绘山川河流、林木村舍等景物，营造出广阔的自然氛围，给人以心旷神怡之感。花鸟画则常常以花卉、鸟类等生物形象为主题，展现了生命的活力和美好。人物画则反映了社会生活和人文风情，常常描绘民间百态、传统节庆等内容，体现了人文情怀和民俗风情。

第二，壁画的色彩运用丰富多彩，线条流畅自然。色彩鲜艳明快，常常采用红、黄、绿等明快的色调，以增加画面的生动性和视觉冲击力。线条流畅自然，既注重勾勒出形象的轮廓，又注重画面的韵律和节奏，使整个画面呈现出和谐统一的美感。

第三，壁画不仅是对空间的装饰，更是对人们情感和精神世界的表达。富有吉祥寓意的图案，如寿桃、莲花、五谷丰登等，常常被用来祈求吉祥如意、生活幸福。这些图案不仅仅是装饰，更是对人们内心愿望的呼唤和寄托，为居住者带来美的享受和心灵的抚慰。

2. 雕刻

（1）家具上的雕花

在传统家具的制作过程中，常常会选用优质的木材，并在其表面进行精美的雕刻。这些雕花图案多样，有的是仿生物纹样，有的是传统文化中的吉祥图案，如龙凤、麒麟等，寓意着吉祥如意、幸福安康。雕花的制作需要工匠们经过长时间的细致雕琢，借助传统的手工工具和技艺，将图案雕刻得栩栩如生，线条流畅自然，给人以美的享受和视觉冲击。

（2）建筑梁柱上的雕刻

梁柱作为建筑结构的重要组成部分，常常被视为雕刻的重要对象。在传统建筑中，梁柱上的雕刻常常取材于传统文化和民间传说，如龙凤、瑞兽、寿桃等，寓意着对美好生活和吉祥如意的追求。这些雕刻不仅是对建筑结构的装饰，更是对传统文化的传承和弘扬，为建筑增添了浓厚的文化氛围和历史底蕴。

（3）门窗上的雕刻

传统住宅的门窗常常雕刻有各种花纹和图案，如莲花、蝙蝠、吉祥文案等，这些图案不仅美观大方，还常常具有吉祥寓意，为居住者带来好运和幸福。门窗的雕刻工艺精湛，线条流畅，造型生动，为整个建筑增添了独特的艺术魅力和历史风情。

（三）家具与摆设

传统住宅的室内装饰还包括家具与摆设，这些家具和摆设常常选择传统的材料和工艺，体现出古朴典雅的风格和气质。

1. 家具

在传统住宅建筑中，雕刻作为一种重要的装饰形式，常常出现在家具、梁柱、门窗等部位。这些精美的雕刻不仅仅是装饰，更是对主人身份地位和文化修养的象征，体现了建筑物主人的社会地位和文化品位。

2. 摆设

（1）青花瓷

常常被用于装饰客厅和餐厅等主要活动区域。青花瓷具有丰富的文化内涵和历史意义，其上的蓝色花纹图案多变而精美，能够为室内空间增添一抹古朴典雅的气息。在摆放位置上，青花瓷常常被置于餐桌、橱柜或装饰架上，以突出其精美的工艺和独特的文化价值。

（2）景泰蓝

常常被用作室内摆件以增添色彩和艺术感。景泰蓝的色彩鲜艳，图案丰富，常常展现出浓厚的民俗风情和文化底蕴。在摆放位置上，景泰蓝常常被置于客厅的茶几、书桌或装饰柜上，其艳丽的色彩和精湛的工艺能够吸引人们的眼球，为室内空间增添了一份独特的韵味。

（3）玉器

常常被用来作为室内摆件以彰显主人的身份和品位。玉器的质地温润、色泽柔和，常常被人们视为吉祥物和护身符，具有辟邪和保平安的寓意。在摆放位置上，玉器常常被置于书房的书架、卧室的床头柜或客厅的装饰台上，以展示其独特的美感和文化内涵。

三、建筑环境色彩的营造

（一）自然因素

建筑设计不仅包括建筑造型和色彩的图纸方案设计，还包括对建筑周围环境分析和自然因素的考察。建筑甚至城市地理环境所在的地理形态、气候特点和人文景观等方面的自然特点都应该在建筑色彩的设计和应用过程中被考虑在内。只有将以上元素做到统筹协调，将设计因素和自然因素有效、和谐地融合在一起，才能互为彰显地传达出一个成功的建筑色彩的效果方案，进而使城市建筑色彩在自然环境的帮衬下显示出具有人文素养的地域特色。

以北京为例，作为一个具有深厚文化底蕴的古城，封建社会中统治阶级的审美趣味在城市建设的过程中得到了淋漓尽致体现，如今的很多遗址和遗迹都能够说明先人在进行建筑方案的设计和施工时的考虑。为了彰显皇家的地位和风范，紫禁城的金黄色琉璃瓦和红墙成为标志性的建筑构件，这些构件的颜色充满着意识形态的人文内涵，颜色本身就成为地域性特色建筑方案的表现。现代都市在进行城市建设的过程中，对这种成功案例应该予以重视，在传统建筑的设计和色彩中吸取有益的因素和启示，结合自己的地域特色完成有利于施工和维护的城市建筑色彩方案的设计。从这种角度说，城市建筑中的色彩应用是为了服务于城市人群，令其在使用过程中产生良好的用户体验和感知，而这一切的基础正是有赖于色彩方案对自然特征的迎合。例如，重庆作为一个多山的城市，在地形的影响下，其天气往往容易产生雾气，因此被称为"雾都"。又因地形不利于空气的流通致使温度偏高，所以又有"火炉"之称。重庆是一个在自然地域特色上是极为明显的城市，而其自身在以往的城市形象建设的过程中也自觉地意识到这一点。因此，重庆在进行建筑色彩应用方案的选择上，会仔细考虑自身城市印象和自然特征之间的关系，希望利用这种现代建筑设计再一次巩固和提升以往的形象，而非起到反作用。如今，我们游览重庆街头可以发现其在建筑方面的用心。又如，同样作为历史名都的南京，其悠久的文化历史使整个城市的建设以及景观的呈现都显示出了当地极具特色的人文意蕴，遗留至今的文化遗址以及其他的建筑景点在颜色的采用上也形成了当地极具江南韵味的色彩色系，基本以白色、青色以及少许的土红色为主，这些颜色所呈现出来的淡雅和南京的地域文化相得益彰。因此，南京制定建筑方案是以尊重传统色彩取向与发展现代建筑色彩相融合，认为应该以自然地域特征为依据，在制定建筑色彩方案时，形成一种能体现出金陵文化的建筑方案和色彩体系。

自然因素往往与自然气候密切相关。我国北方和南方在降雨量上的差距较大，江南地区一年四季的气候都较为湿润，雨季较长，在这样的气候特征中，当地的建筑形成了黑白分明的建筑风格，青瓦、白墙为建筑的主要构件。正是这样的特征使得当地的建筑与自然景观形成很好融合，在阴雨朦胧的江南地区形成一种温婉、清淡的人文景观。北方地区则显示出另一番风情。以内蒙古为例，其主要特征是地广人稀、地势平坦，大草原一望无际，针对这样的地域特征，建筑师在进行建筑方案设计的过程中不仅要考虑到人们的审美感受，而且还要考虑到安全问题。因此，当地居民在进行扎制蒙古包的过程中选择的往往是一些具有明显识别性的颜色，如蓝色和白色。这些颜色不仅在建筑上能够具有识别性，而且由于北方空气透明度高、气温高，采用白色和蓝色这样清爽的颜色还可以使人内心当中有清凉的感觉，所以在炎热的外部气候情况下，以这种浅淡的清爽颜色进行设计成为首选。同时，浅色调的颜色在使用方面，除了能够快速识别以外，还具有反光率比较高的特点，能够对高光照、高热量的地区进行光线的反射，从而避免室内高温。由此，我们可以发现，南北方地区由于气候环境的不同、地域文化的差异，在颜色的选取过程中要有几个格外注意的地方。在北方，气温较高的地区，为了减少热辐射使室内气温得以降低，因此在颜色选择上往往选择一些天蓝色、白色等浅色系；在南方的农村，为了起到自然与人为环境相融合的效果，在颜色选用上往往选择粉墙黛瓦的搭配，使整体的搭配呈现出赏心悦目的效果。

（二）人文因素

建筑环境中建筑色彩的选取不仅与当地的自然条件有关，而且要考虑到当地的人文因素。前者要考虑到的是建筑所在的地理位置尤其是一些自然环境因素的影响，而后者所考虑到的也与环境有关，但强调的是种族、时代等人文风俗习惯。

相比较而言，对人文因素的考虑是对于当地人文景观的一种考虑，它不仅取决于当地城市的现代的人文景观，而且还可能牵扯到对当地人文历史的追溯。具体而言，人文因素考虑的是当地使用人群的民族归属问题、风俗习惯等文化的形成问题，有没有特定的民族颜色需求，有什么样的禁忌，而这些往往会通过他们的建筑色彩展现出来。我们要认识到在现代建筑师对当地进行建筑景观的设计之前，其独具特色的人文意识形态以及在当地人群的社会生活当中产生的人文景观，而这个景观当中的独具特色的建筑形态就已经为建筑师进行建筑色彩的选择提供了一个很好的参考，主要的参考对象就是在当地形态中的传统色彩。

所谓传统色彩，一般是指某个地区特有的稳定的色彩色系，这种色系一般需在很长的人文长河中逐渐形成。它可能要经过数代甚至数十代的传承，通过口口相传的文化形式使文化的内涵和底蕴得到具体体现。这种人文色彩被赋予了独特的民族性，既牵扯到一个民族的过程，也牵扯到色彩被赋予特定意识形态的过程。当然，与传统统治阶级意识形态所不同的是，人文色彩意识形态的形成既可以包含人们在生活当中对固定色彩色系的偏好，也可以指的是在历史的长河当中经过历代相传所遗留下来的特定意识形态与特定色彩的融合。

中国作为一个大杂居、小聚居的由 56 个民族组成的多民族统一国家，各个民族在地域分布和气候环境上均有所不同，所以在技术上也要充分考虑到这种民族性特色。自新中国成立以来，国家在对少数民族的服装进行了解的过程中，为了打造各少数民族的文化特色以及对其进行区分，所以对其特有的服装进行了重新的设计。因此，目前所存在的 56 个民族甚至更多的其他人群，其所特有的民族服装在色彩倾向上都有自己的特色，而且这种特色也扩展到其民族的其他方面的应用。比如，日常生活当中的装饰品、工艺品、生活用品，甚至是在自己的建筑设计上。我国西藏地区的藏族人民的服装与当地的宗教信仰有关，往往会选择黄色、红色和黑色进行搭配，而这种色彩上的审美趣味也发展成了在建筑上的色彩选择倾向，当地往往以黄色、红色作为建筑的主色调来体现出一种信仰追求。

对于色彩在人文性上的考虑，法国社会学家郎克洛曾经提出了一种"色彩地理学"的概念，他认为色彩不仅是一种装饰性的材料，而且是一种具有能动性的生动主体，既是一种形式也是一种符号。可以说，色彩就是文化的体现，在进行建筑色彩的选择和施工的同时，我们需要以色彩地理学为基础，以文化地理学为根基，从民族的角度、文化的综合角度、地域特性的角度、气候特点的角度等多方向研讨色彩的应用。只有基于这种考虑之上的建筑色彩方案才能够成为备受当地使用人群喜爱，能够经得住历史时间考验的优秀方案。当然，在对地域上的共时性人文因素进行考虑之后，还要对历史性的人文因素进行考察。建筑色彩不仅会因为地域划分的不同、民族的不同而展现出差异性，而且还会因为历史时期的不同产生变化，这也是建筑具有时代性的一个明显表现。正是因为有这种变化，所以在进行建筑设计的过程中，对于色彩的选择就不能随心所欲，不能盲目地对国外的建筑色彩和建筑方案进行复制和模仿，而是要考虑到目的地自身的历史进程的差异，也要考虑到在设计方案产生之前的当地传统色彩的特点，要将整个色彩选用放在历史的发展潮流当中进行综合性的历史性的考察，这样才能够总结出目前色彩设计所在的历史节点，才能够总结出我们应该采用的色彩特点。

第五章　现代住宅建筑的特点

第一节　现代建筑风格的定义

一、现代建筑风格的主要特征与特点描述

（一）抽象的几何形态

现代建筑的抽象几何形态是其主要特征之一，反映了对简洁、规则的追求。这种形态通常表现为简单的几何体，如立方体、圆柱体、锥体等，强调线条的清晰和结构的简洁。这一特征体现了现代建筑对于形式的简约化和几何美的追求，同时也体现了建筑结构的现代化和工程性。

在抽象的几何形态中，建筑师常常通过精心设计和布局，创造出独特的建筑形象。例如，某些现代建筑采用了大胆的几何构成，如独特的立面曲线、屋顶形态等，使建筑在空间中产生强烈的视觉冲击和艺术感染力。这种抽象的几何形态不仅赋予建筑以独特的外观，也反映了设计师对于空间的创造性思维和审美追求。

（二）玻璃与钢结构

现代建筑中广泛采用的玻璃与钢结构是其另一显著特征，这种结构形式赋予了建筑通透、开放的空间感和轻盈的外观。玻璃作为建筑材料的广泛应用，使得建筑的外墙面变得透明、通透，提高了自然光的利用效率，营造出明亮、开放的室内空间。

同时，钢结构的应用也为建筑提供了更大的空间自由度和结构刚度，使得建筑能够实现更大跨度的空间布局和更为复杂的结构形式。钢结构的轻量化和高强度也使得建筑的施工周期大幅缩短，同时减少了建筑的自重，提高了建筑

的抗震性能。

（三）开放式平面布局

现代建筑常采用开放式平面布局，打破了传统的隔断，实现了功能区域的融合和流通。这种布局方式使得建筑内部空间更加通畅、灵活，增强了使用者之间的交流和互动性，同时也提升了空间的利用效率和舒适性。

开放式平面布局通常采用开放式的客厅、餐厅和厨房等主要功能区域，使得家庭成员可以在这些区域中自由流动，实现了家庭生活的交融和共享。同时，这种布局也符合现代人对于开放、自由的生活方式的追求，体现了现代建筑对于人性化、舒适化的关注和追求。

二、不同流派下现代建筑风格的差异与共同之处

（一）法国新艺术风格

法国新艺术风格是 19 世纪末 20 世纪初期在法国兴起的一种建筑风格，其特点是注重曲线和装饰艺术，追求高雅与浪漫。这种风格常常体现在建筑的外观和内部装饰上，具有独特的艺术美感。

在外观方面，法国新艺术风格的建筑通常采用曲线和优美的线条，强调建筑的流畅性和柔美感。建筑立面常常采用拱形、曲线窗户等设计元素，营造出优雅、富有动感的外观。例如，巴黎蒙马特地区的建筑就充满了法国新艺术风格的特色，色彩斑斓、线条曲折，给人以梦幻般的感受。

在装饰艺术方面，法国新艺术风格注重细节和精致，常常运用各种装饰艺术元素，如雕花、铁艺、彩绘等，为建筑增添了浓厚的艺术氛围。室内装饰也以华丽的壁画、精美的家具等为特色，营造出优雅、奢华的居住环境。

虽然法国新艺术风格的建筑风格多样，但其共同之处在于追求艺术的表现力和美感。无论是建筑外观还是内部装饰，都注重表现建筑的美学价值，强调建筑与艺术的融合，体现出法国人对于生活品质和艺术追求的独特理解。

（二）德国表现主义建筑

德国表现主义建筑是 20 世纪初期在德国兴起的一种建筑风格，其特点是强调表现个性与情感，追求力量与动态感。这种风格常常体现在建筑的外观和结构上，具有独特的视觉效果和情感表达。

在外观方面，德国表现主义建筑通常采用大胆的几何构成和夸张的线条，打破了传统的形式限制，展现出强烈的个性和动态感。建筑立面常常采用抽象的图案和雕塑，营造出奇特、梦幻般的外观。例如，柏林的独特形态就是德国表现主义建筑的典型代表，其外观充满了力量感和动态美。

在结构方面，德国表现主义建筑也注重创新和实验，常常采用非常规的结构形式和材料，以突破传统的建筑模式。建筑内部常常采用大跨度的空间布局和开放式的设计，强调空间的流畅性和动态性。

尽管德国表现主义建筑的风格多样，但其共同之处在于对个性和情感的追求。无论是建筑外观还是内部结构，都强调个性化的表达和情感的传递，体现了设计师对于建筑艺术的独特理解和追求。

（三）北欧现代主义

北欧现代主义是 20 世纪中期在北欧国家兴起的一种建筑风格，其特点是注重简洁与功能性，追求自然与人文的和谐统一。这种风格常常体现在建筑的外观和内部空间布局上，具有清新、自然的特色。

在外观方面，北欧现代主义建筑通常采用简洁的几何形态和清晰的线条，强调建筑的功能性和实用性。建筑立面常常采用简洁的造型和素雅的色彩，营造出纯净、清新的外观。例如，丹麦的哥本哈根市政厅就是北欧现代主义建筑的典型代表，其外观简洁大方，给人以舒适的感受。

在内部空间布局方面，北欧现代主义建筑追求空间的通透和灵活性，常常采用开放式的设计和简约的装饰，使得室内空间更加明亮、通风。建筑内部常常布置有大面积的落地窗和宽敞的起居空间，营造出舒适、宜居的居住环境。

尽管北欧现代主义建筑的风格多样，但其共同之处在于对功能性和自然性的追求。无论是建筑外观还是内部空间布局，都注重实用性和舒适性，体现了北欧人对于自然环境和生活品质的重视和追求。

第二节　技术与材料的创新

一、现代建筑中技术与材料创新的现状与趋势

（一）结构设计与施工技术

1. 结构设计的复杂性提升

（1）建筑设计理念的变革

传统的建筑设计注重功能性和实用性，结构形式相对简单，主要以框架结构和梁柱结构为主。而现代建筑设计强调创新性和个性化，建筑形式更加多样化和复杂化，如大跨度、异形、曲线等设计要求成为常态。这种变革要求结构设计师不仅要具备传统结构设计的技能，还需要具备更高水平的创新意识和设计能力，能够满足不同建筑形式的结构需求。

（2）技术手段的不断进步

随着计算机技术的快速发展，CAD 和 BIM 等先进技术已经成为现代建筑结构设计的主要工具。CAD 软件可以帮助结构设计师进行结构分析和参数优化，提高设计效率和精度；BIM 技术可以实现建筑结构、建筑物理和施工过程的数字化模拟，为结构设计师提供更全面的设计信息和更准确的分析结果。

（3）结构安全可靠性的要求

随着建筑结构的复杂性增加，对结构的安全可靠性提出了更高的要求。现代建筑不仅要承受自身重力荷载，还需要考虑到外部荷载（如风荷载、地震荷载）和使用荷载（如人员、家具等），因此结构设计必须经过严密的计算和模拟分析，确保在各种极限工况下结构的安全性和稳定性。

2. 施工工艺和设备的创新

第一，3D 打印技术的应用是建筑施工领域的一项重大创新。传统的建筑构件制造通常需要经过多道工序，耗费大量的人力和时间。而 3D 打印技术可以根据设计图纸直接将材料一层层地堆积成型，实现了对复杂结构的快速制造。这种高精度、高效率的制造方式大幅缩短了施工周期，同时减少了人力成本和材料浪费。此外，3D 打印技术还可以实现个性化定制，为建筑设计带来更多可能

性，推动建筑行业朝着智能化、定制化的方向发展。

第二，智能化施工机器人的广泛应用也是建筑施工领域的一大创新。智能化施工机器人可以完成各种施工任务，如搬运、砌筑、喷涂等，取代了传统的人工施工方式。这些机器人具有高度的自动化和智能化水平，能够根据预先设定的程序和指令进行工作，大大提高了施工的速度和精度，同时减少了工人的劳动强度和安全风险。智能化施工机器人的使用不仅提高了施工效率，还改善了工作环境，为建筑行业的可持续发展作出了贡献。

第三，预制混凝土技术的发展也是建筑施工领域的一项重要创新。预制混凝土是在工厂生产完成后运输到施工现场进行组装的一种建材。与传统的现场浇筑相比，预制混凝土具有质量稳定、工期短、施工安全等优势。通过预制混凝土技术，可以在工厂内精确控制混凝土的配比和质量，减少现场施工的不确定性，提高施工效率。同时，预制混凝土还可以减少对施工现场的占用，降低施工过程中的环境污染，符合现代建筑对节能环保的要求。

（二）新材料的应用

1.碳纤维材料的广泛应用

第一，碳纤维在桥梁工程中的应用是比较突出的。桥梁作为重要的交通基础设施，需要具备良好的结构强度和耐久性。传统的桥梁结构通常采用钢筋混凝土或钢结构，但这些材料存在自重大、施工周期长等缺点。而采用碳纤维材料作为桥梁结构的构件，可以大幅度降低结构自重，减轻对桥梁基础的负荷，从而延长桥梁的使用寿命。此外，碳纤维材料具有优异的抗腐蚀性能，能够很好地应对潮湿多雨的环境，提高桥梁的耐久性和稳定性。

第二，碳纤维在楼板和梁柱等建筑结构构件中的应用也日益广泛。传统的楼板和梁柱常常采用钢筋混凝土结构，但这种结构存在自重大、施工周期长等问题。而采用碳纤维材料制作的楼板和梁柱具有重量轻、强度高、耐久性好的优点，可以大幅度减少结构自重，提高建筑的抗震性能和安全性。此外，碳纤维材料还具有较好的可塑性，可以根据建筑设计的需要进行各种形状和尺寸的加工，使得建筑结构更加灵活多样。

2.玻璃钢材料的推广

玻璃钢作为一种复合材料，由玻璃纤维、树脂和其他辅助材料组成，具有出色的性能特点，因而在诸多领域得到广泛应用。首先，玻璃钢材料表现出优异的耐候性能，能够承受极端环境条件下的长期使用，不易受到自然因素的影响。其次，玻璃钢具有卓越的耐腐蚀性，可以抵御化学物质和腐蚀性气体侵蚀，保持材料结构的稳定性和可靠性。最后，玻璃钢材料还具备优良的机械性能，强度高、韧性好，使得其在各种载荷下都能保持稳定的结构，延长建筑物的寿命。

在建筑行业中，玻璃钢材料被广泛运用于建筑立面、屋顶和管道等系统的构建中。通过采用玻璃钢材料，建筑物可以呈现出更为优美、现代化的外观效果，满足人们对于建筑美学的追求。同时，玻璃钢的轻质特性确保了建筑结构的稳定性与安全性，不会给建筑造成额外的负担。此外，玻璃钢的耐久性也意味着建筑所需的维护和修缮成本大为降低，为建筑主和业主带来经济上的益处。

3. 空心玻璃的创新应用

空心玻璃作为新型建筑材料的创新应用在建筑行业中展现出巨大的潜力和价值。一是空心玻璃以其特有的结构设计，有效提高了建筑结构的隔热性能。其腔体内部充填稀有气体，形成真空层或气体层，有效阻止了热量的传导，减少了建筑内外温度差异对室内环境造成的影响。这种隔热效果不仅提高了建筑的舒适度，也有效降低了建筑的能耗，达到了节能减排的目的。

二是空心玻璃材料在隔音性能方面表现出色，能够有效隔离外部噪音影响，提供安静的室内环境。特别是在城市繁忙区域，建筑物外部的交通噪音、工业噪音等可能对居住者造成困扰，而采用空心玻璃可以有效减轻这种噪音干扰，改善住户的生活品质。

三是空心玻璃的设计理念使得建筑结构更加轻盈，有利于减轻建筑自身的荷载，增加建筑的结构稳定性和安全性。相比传统的实心玻璃，空心玻璃具有更轻的重量和更好的抗风压性能，因此在地震、风灾等自然灾害发生时，空心玻璃建筑更有利于保障人员的安全。

（三）绿色建筑技术

1. 节能技术的发展

现代社会对于节能的需求和追求推动了节能技术的不断创新与完善，呈现出多层次、多方面的发展趋势。

一是在建筑外墙结构方面，节能技术的发展主要体现在优化设计和材料选择上。通过合理设计建筑外墙的厚度、材质和结构，可以有效减少建筑隔热和保温过程中的能量损耗，降低建筑的能耗。同时，选择具有优良隔热保温性能的材料，如空心玻璃、保温板等，也能有效提高建筑的节能效果。

二是在采光设计方面，节能技术的发展主要体现在提高建筑自然采光效果的同时，有效避免阳光直射造成的过热问题。通过合理设置建筑的窗户和天窗位置，采用高透光、低辐射的玻璃材料，并配合智能化的遮阳系统，可以最大限度地利用自然光线，降低室内照明需求，进而实现节能目的。

三是智能化的能源管理系统也是节能技术发展的重要方向之一。通过利用传感器、自动控制系统等技术手段，实现建筑能源的监测、调控和优化管理，使建筑系统的运行更加高效、智能化。例如，利用智能化系统实时监测和调整建筑内部温度、湿度等参数，精准控制采暖、通风、空调等设备的运行，有效降低能耗、提高能源利用效率。

2. 可再生能源的利用

再生能源作为可持续发展的重要组成部分，在现代建筑中的利用已经成为一种不可或缺的趋势。太阳能、风能、地热能等再生能源被广泛应用于建筑领域，为建筑以及周围环境带来了诸多益处。通过安装太阳能光伏板、风力发电机、地源热泵等设备，建筑可以实现能源的自给自足，达到节能减排、环保可持续发展的目的。

一是太阳能作为最为常见和广泛利用的可再生能源之一，在建筑中得到了广泛地应用。安装太阳能光伏板可以将太阳辐射转换为电能，满足建筑内部的电力需求，同时还可以实现余电上网和能源的存储利用。这种利用方式不仅能有效减少对传统能源的依赖，降低建筑的能耗，还能为建筑主体提供绿色环保、可再生的能源支持。

二是风能也是一种重要的再生能源，通过在建筑屋顶或周围安装风力发电机，可以将风能转化为电能，为建筑提供清洁电力。尤其是在风资源丰富的地区，风力发电成为一种有效的能源补充方式，能够有效降低建筑的电力消耗，减少温室气体排放。

三是地热能作为一种稳定、持久的可再生能源，也在建筑领域得到了应用。地源热泵系统通过地下岩土的恒定温度实现建筑的供暖和制冷，降低了温控设备的能耗，提高了建筑的能源利用效率。这种技术利用地热资源进行循环利用，既符合节能减排的原则，又增加了建筑的环保性和可持续性。

3.水资源管理的创新

水资源管理在现代建筑领域的创新应用是实现可持续发展的重要举措之一。通过采用各种技术手段和管理策略，建筑可以更有效地管理和利用水资源，实现对水资源的合理利用和保护。这不仅有助于减少水资源的浪费，还可以降低对自然水体的污染，保护生态环境，促进建筑行业向着可持续发展的方向迈进。

一是建筑可以通过雨水收集系统来利用雨水资源。雨水收集系统通过设置屋面排水系统、雨水收集设施和储水设备，将雨水收集、储存起来，用于灌溉、冲洗，甚至饮用水等用途。这种方式不仅可以减少城市雨水径流，降低城市内涝的发生率，还可以有效利用自然降水资源，减少对地下水和自来水的需求，实现水资源的循环利用。

二是建筑可以采用废水回收和处理技术，实现对废水的资源化利用。通过设置废水处理设备，对建筑内部产生的废水进行处理和净化，可以将部分废水用于冲洗、灌溉，甚至工业生产等用途。同时，废水处理技术还可以减少污水排放对环境的污染，保护周围水体的水质，维护生态平衡。

三是建筑还可以通过优化供水系统来实现对水资源的有效管理。通过采用节水器、智能水表、水质监测系统等技术手段，可以实现对供水系统的精细化管理和控制，减少漏水和浪费现象，提高供水系统的效率和可靠性。这种优化措施不仅有助于节约水资源，还可以降低建筑的运行成本，提升建筑的可持续性和竞争力。

二、新材料与新技术在现代住宅建筑中的应用

1.碳纤维结构

（1）碳纤维的轻质特性

碳纤维由碳原子构成，具有极轻的质量，相较于传统建筑材料如钢铁，其密度更小，因此能够大幅度减轻建筑结构的自重，从而降低对基础的要求，使得建筑更为稳定。

（2）碳纤维的高强度

尽管碳纤维的密度轻，但其强度却极高，比起钢铁等传统材料，碳纤维的

拉伸强度更大。这使得碳纤维结构在承载能力方面表现出色，能够支撑更大跨度的空间布局，为住宅建筑设计提供更大的设计自由度。

（3）碳纤维的耐腐蚀性

相比于金属材料，碳纤维具有更好的耐腐蚀性，不易受到氧化、锈蚀等影响。这使得碳纤维结构在潮湿环境或者酸碱环境下能够保持良好的性能，延长建筑的使用寿命。

2.高效节能系统

（1）太阳能光伏板

现代住宅建筑普遍采用太阳能光伏板作为绿色能源的一种利用方式。太阳能光伏板通过吸收太阳能将其转化为电能，为建筑提供清洁、可再生的能源，减少对传统能源的依赖，降低能源消耗成本。

（2）地源热泵

地源热泵利用地下的稳定温度来进行建筑空间的供暖和制冷，是一种高效节能的供暖系统。通过地源热泵系统，可以充分利用地下恒定的温度，降低建筑的能耗，减少对传统供暖方式的依赖。

（3）智能家居控制系统

智能家居控制系统集成了多种智能设备和传感器，能够实现对建筑内部环境的智能监控和调节。通过智能家居系统，居住者可以实现对照明、空调、安防等设备的远程控制和定时调节，提高建筑的能源利用效率，降低能源浪费。

3.生态建材

（1）低VOC涂料

低VOC涂料是一种环保型涂料，其挥发性有机化合物（VOC）含量较低，释放的有害气体较少，能够有效减少室内空气污染，保障居住者的健康。

（2）竹木复合地板

竹木复合地板是由竹材和木材复合而成的地板材料，具有耐磨、耐压、防潮等特点，同时还具备良好的环保性能，是一种理想的地板材料选择。

（3）可降解的建筑材料

可降解的建筑材料是一种环保型材料，可以在一定条件下被自然降解，减少对环境的污染，符合现代住宅建筑对环保性的要求，保护生态环境。

第二节 开放式设计与灵活性

一、开放式设计理念在现代住宅建筑中的具体体现

（一）空间开放性

1.开放式平面布局

在现代住宅建筑中，开放式平面布局已成为一种常见的设计趋势。这种布局方式消除了传统的隔断墙壁，将起居空间、餐厅和厨房等功能区域打通，创造出连续开阔的室内空间。相较于传统的封闭式布局，开放式平面布局使得不同功能区域之间形成了流畅的过渡，增强了空间的开放感和通透感。居住者在室内移动时，可以感受到空间的流动性和连续性，使整个室内空间更加宽敞舒适。

2.开放式起居空间

开放式设计将起居空间与餐厅、厨房等区域相连，打破了传统的隔间结构，使得家庭成员可以在同一空间内进行交流和互动。这种设计方式促进了家庭成员之间的联系和沟通，增强了家庭的凝聚力和亲密度。同时，开放式起居空间还提升了室内空间的整体感和舒适度，使得居住者可以更加自由地利用空间，满足不同的生活需求。

3.多功能区域

开放式设计允许不同功能区域之间的灵活转换和多功能利用，从而提高了空间的利用率和适用性。例如，一个开放式的厨房可以兼顾烹饪、就餐和休闲娱乐功能，使得居住者在厨房空间内可以进行多种活动。这种设计不仅提升了空间的功能性和灵活性，还增强了居住者的生活品质和舒适感。

（二）视觉连续性

1.大面积玻璃窗设计

现代住宅建筑常采用大面积的玻璃窗设计，这一设计手法使得室内外空间得以相连，实现了视觉上的连续性。大面积的玻璃窗不仅可以将室外的自然光

线引入室内，还能够将室内的景色与室外的环境相融合，营造出通透明亮的居住氛围。通过玻璃窗所呈现的景色，居住者可以感受到四季变化的美妙，增强居住者的生活体验和幸福感。

2. 开放式楼梯设计

开放式楼梯设计也是实现室内外视觉连续性的重要手段之一。采用开放式楼梯设计，可以使得不同楼层之间形成连贯的视觉效果，增强空间的纵深感和通透感。同时，开放式楼梯还能够促进不同楼层之间的交流和互动，使得整个空间更加开阔和通风。

3. 自然景色融入

开放式设计还可以将自然景色融入室内空间中。例如，通过设计开放式的客厅或餐厅区域，使得居住者可以在用餐或休息的同时，欣赏到室外的花园景观或城市风光。这种设计不仅增强了居住环境的舒适性和愉悦感，还能够提升居住者的生活品质。

（三）功能融合

1. 厨房与餐厅相连

在现代住宅设计中，厨房与餐厅相连是一种常见的设计趋势。这种设计将烹饪与用餐区域合而为一，实现烹饪和就餐功能的融合。通过将厨房和餐厅打通或者设置开放式的设计，不仅提升了空间的通透性和流动性，也方便了家庭成员之间的互动和交流。

在这样的空间布局下，厨房与餐厅之间的联系更加紧密，居住者可以在烹饪的同时和家人或朋友进行交谈，增进彼此之间的感情。此外，厨房与餐厅相连也提升了空间的使用效率，使得家庭生活更加便捷和舒适。

2. 起居区与阳台相连

现代住宅设计常将起居区与阳台相连，创造出一个宽敞开放的室内外活动空间。这种设计不仅增加了居住者的起居空间，也使得室内外的界限变得模糊，让自然光线和空气更加自由地流通。

通过将起居区与阳台打通或设置大面积的落地窗，居住者可以在室内感受到阳光的温暖和户外的清新空气，同时也可以随时走出阳台，欣赏户外的风景和景色。这种连接方式不仅提升了居住的舒适感，也让居住者更加接近自然，享受自然带来的乐趣。

3.灵活布局

开放式设计的灵活布局允许居住者根据自己的需求和生活方式进行自由搭配和功能分区。通过合理的家具摆放和空间划分，可以实现不同功能区域之间的灵活转换和多样化利用。

例如，可以根据实际需要将起居区布置为休息娱乐或办公学习区域，也可以根据季节或个人爱好将阳台打造成花园、休闲或健身区域。这种灵活的布局方式提高了空间的适用性和灵活性，让居住者更加自由地塑造自己的生活空间。

二、灵活性设计对现代住宅建筑空间利用的优化与提升

（一）可变性布局

1.可移动隔断墙

可移动隔断墙是现代住宅中常见的设计元素，通过滑轨或折叠结构实现隔断墙的开合。这种设计可以根据居住者的需求，将空间进行灵活划分，从而实现私密性和开放性的灵活转换。

在实际应用中，可移动隔断墙通常用于客厅与卧室之间、厨房与餐厅之间以及起居区与工作区之间等空间的划分。通过调整隔断墙的位置和状态，可以根据不同的活动场景和需求，实现空间的多样化利用。例如，白天可以将隔断墙打开，创造出开放的空间，增加室内的采光和通风；而晚上可以将隔断墙关闭，提升卧室的私密性和安静度。

2.可移动家具

可移动家具是另一个提升空间灵活性的重要手段。这类家具通常采用折叠、可拆卸或可移动的设计，可以根据需要在空间中自由摆放和调整，以满足不同的功能需求和使用场景。

举例来说，可折叠的桌椅可以在需要时打开使用，为居住者提供用餐或办公的场所，而在不需要时可以收起来，节省空间；可拆卸的书柜则可以根据居住者的需求进行组合和拆解，以适应不同的收纳和展示需求。

3.可变化装饰

除了隔断墙和家具外，可变化的装饰也可以提升空间的灵活性。这包括可

更换的壁纸、可移动的挂画、可调节的灯光等装饰物品，可以根据季节、节日或个人喜好进行更换和调整，从而使得空间的氛围更加多样化和个性化。

例如，通过更换不同风格和颜色的壁纸，可以为房间带来不同的氛围和风格；通过调节灯光的亮度和色温，可以营造出不同的光影效果和氛围。这些装饰变化可以使空间充满生机和活力，增加居住者的舒适感和幸福感。

（二）多功能区域

1. 书房兼客厅

书房兼客厅的设计将学习、工作和休闲娱乐的功能融合在一起，为居住者提供了一个多功能的空间。在这样的设计中，书桌、书柜和沙发等家具通常会被巧妙地组合在一起，以最大限度地利用空间并确保功能的实现。

书房兼客厅的设计可以采用开放式的布局，使得书桌与沙发等家具之间的空间流通性更好，同时也可以通过移动隔断或壁柜等方式进行区域的划分，以满足不同活动场景的需求。在家具和装饰方面，可以选择颜色明亮、造型简洁的家具，搭配舒适的沙发和柔软的地毯，营造出一个既适合工作学习又适合放松娱乐的舒适氛围。

2. 阳台兼餐厅

将阳台设计为兼具餐厅功能的区域，为居住者提供了一个享受户外美景的同时进行户外就餐和休闲活动的场所。在这样的设计中，通常会配置一张折叠式餐桌和相应数量的折叠椅，以便在需要时展开使用，而在不需要时可以轻松地折叠收纳。

为了提高阳台兼餐厅的舒适度和实用性，可以考虑在阳台上设置遮阳伞或搭建凉棚，以遮挡阳光和风雨，保证户外就餐的舒适度。此外，还可以通过绿植的布置和装饰品的摆放，为阳台空间增添一抹生机和美感，营造出一个宜人的用餐环境。

3. 家庭影院兼客厅

家庭影院兼客厅的设计将影音娱乐和日常休息功能有机地结合在一起，为居住者提供了一个集合了家庭影院设备和舒适沙发的空间。在这样的设计中，通常会配置一块大尺寸的电视墙或投影幕布，并配备高品质的音响设备，以提供沉浸式的视听体验。

为了确保影音娱乐和休息放松的双重功能的实现，可以在客厅中设置多功能的储物柜或壁龛，以存放影音设备和影碟等物品。此外，选择柔软舒适的沙发和宽敞舒适的地毯，为居住者提供一个舒适、轻松的休息空间，让他们可以尽情享受家庭影院带来的乐趣。

第四节　可持续发展与环保意识

一、生态民居建筑设计的相关原则与设计方式

（一）生态民居建筑的设计方向

环境保护是我国的一项基本国策，生态环境质量是衡量一个地方宜居环境的重要标志。因此，要想将我们的居住环境建设得更加宜居、符合现代化的发展理念，就必须把可持续发展理念贯穿到生态民居的设计当中。因此，在对民居建筑进行设计时，要注意对周边环境的保护，不能对其进行破坏性建设，防止环境的恶化，进而营造出一个品质超群的生态居住环境来。

（二）绿色化的家具设计理念

在绿色化的家具设计理念下，环保的绿色家具是其具体体现。绿色的家具产品有利于更好地保护环境，在节约能源的同时，也不会产生较多的污染。此外，在对绿色化的家具进行设计时，设计师们加入了许多新材料，这些新型材料的使用极大地丰富了现代化家具的风格特色，给人们带来了更好的感官享受。因此，较好地采取新型绿色材料，是现代家居、家具的进步与发展。同时，新型材料的使用也间接有效地保护了国家的林业资源，符合可持续的发展理念。

（三）生态家居的设计方式

生态家居的设计理念要求在对家居建筑进行设计时，统筹把握建筑的整体环境，自然地将家居建筑充分地融入环境中。因此，建筑环境的繁杂性也就成为现代民居建筑设计的主要特点。在这里，生态家居设计方式主要有以下几种：

1.自然环境引入

（1）自然光线的利用

在生态家居设计中，设计者可以通过合理的布局和窗户设置，充分利用自

然光线。大面积的窗户和采光天窗可以将室外的自然光线引入室内，使室内空间明亮通透。这不仅有利于节约能源，减少人工照明的使用，还可以提升居住者的生活品质和健康感。

（2）自然风的引入

在设计中，可以考虑设置通风窗或开放式的门窗，以便自然风能够顺畅地流通室内空间。这样可以有效地改善室内空气质量，减少污染物的滞留，提升居住环境的舒适度和健康性。同时，自然风的流通也有助于降低室内温度，减少对空调的依赖，从而节约能源。

（3）自然景色的引入

在室内设计中，可以通过布置绿色植物、花草以及室外景观的呈现，将自然景色引入室内。这样可以营造出室内绿意盎然的氛围，增强居住者的生活愉悦感和放松感。同时，自然景色的引入也有利于净化空气，改善室内环境质量。

2. 开放式设计

（1）自然与建筑的融合

开放式设计将室内与室外空间相连，使得自然环境与建筑物融为一体。通过设计开放式的门窗和阳台，可以实现室内外的无缝连接，让居住者在室内也能感受到自然的气息和景色，增强生活的乐趣和舒适感。

（2）建筑结构的优化

在施工过程中，可以采用非承重墙打开的方式，将室内外空间连为一体。这种设计方式不仅增加了室内空间的通透感和开阔感，还可以让居住者更加自由地感受到周围的自然环境，从而实现人与自然的和谐共生。

（3）乡村风情的营造

对于一些餐饮服务场所，设计者可以尽可能地打造乡村风情。通过采用木质结构、农村风格的装饰和布置，营造出淳朴自然的氛围，让人们在享用美食的同时也能感受到乡村的温暖和舒适。

3. 自然人文景观的运用

（1）盆栽与插花的装饰

在室内景观设计中，可以多运用一些中国自然人文景观元素，如盆栽、插花等。通过布置各种绿植和花卉，可以增加室内的生机与活力，营造出清新自然的氛围，提升居住者的舒适感和幸福感。

（2）传统文化元素的融合

生态家居设计也可以融入传统文化元素，如中国画、书法作品等装饰物。这些装饰物不仅可以增加室内空间的文化氛围，还可以传递人文情怀和审美意境，丰富居住者的生活体验和感受。

（3）自然材料的选用

在家居装修中，可以选择天然环保的装修材料，如木材、竹材、石材等。这些材料具有自然纹理和质感，能够营造出质朴自然的室内环境，符合生态家居设计理念，也有利于居住者的健康和舒适。

4. 自然色彩的运用

（1）自然色调的选择

在设计屋内的色彩方面，建议采用较为自然的色调，如米白色、浅灰色、淡蓝色等。这些色彩不仅与自然环境相协调，还能够营造出舒适宜人的室内氛围，给人们一种亲近自然的感觉。

（2）色彩的搭配

在色彩的搭配上，可以选择与自然环境相契合的色彩组合。例如，将深浅不一的绿色与自然木色相搭配，或将温暖的黄色与自然灰色相搭配，以营造出和自然相融合的色彩搭配。这样的设计不仅能够使室内空间与周围环境相呼应，还可以增强居住者的视觉愉悦感和舒适感。

（3）自然元素的色彩运用

在选择色彩时，可以参考自然界的元素，如土地、水、天空等，确定色彩的搭配和运用。例如，以深浅不一的蓝色象征湖泊或海洋，以绿色代表森林或草地，以黄色表现阳光或沙滩等。通过对自然元素的色彩运用，可以增加室内空间的自然气息和生机。

5. 空间高度与装饰细节

（1）天花板的设计

设计者在考虑室内空间尺度时，可以通过对天花板的设计进行调整，以增加空间的通透感和开阔感。例如，采用镂空的天花板设计，不仅可以提升室内的视觉高度，还可以增加空间的层次感和艺术感。

（2）装饰细节的处理

在室内装饰时，可以注重细节的处理，例如，选择天然材质的装饰品、精美的雕刻工艺等，以增加空间的品质感和文化内涵。同时，精心设计的装饰细节也可以让居住者感受到设计者的用心与品味，提升居住的舒适度和幸福感。

（3）空间的层次感

在设计中，可以通过合理的布局和装饰，营造出空间的层次感。例如，在室内设置不同高度的装饰品或家具，利用色彩和材质的对比，打造出立体感强烈的室内空间，让居住者在空间中感受到丰富的层次和变化，增强空间的艺术性和趣味性。

（四）室内生态设计的手法

简单来看，关于生态设计的定义其实就是关于生物多样性的一种设计，并且具有多样性和多选择性。但是在现实社会中，复杂性才是现代设计的一个重要的要求和特征。我们大力提倡少就是多的一种简洁的风格，争取在简化设计程序的基础上保持设计风格的多样性。这就需要在设计的过程中，对室内的设计进行融入生态这一要素的考虑，需要设计人员尊重自然，对自然中的各种食物包容爱惜，对物质的丰富性和多样性也要给予认同和保护，坚持在室内的设计上不但具有环保的作用，而且还保证具有可持续发展性。另外，在对室内设计的过程中，一些绘画手段是可以被采用的。例如，在室内进行绿化景观的创作，就像古代和原始时期人类在生活的洞穴中描绘的岩画那样，因为这种室内的风景类型的壁画以及云天水色等，不仅是对自然的引入，还可以增加室内的修饰效果和艺术氛围，是比较受人们喜欢的。

三、生态民居建筑未来发展的展望

（一）对未来住宅设计发展方向的设想

依据现实中的需要，在未来的生态民居建筑的设计发展上主要包括三个大的方向。

1.建筑材料的选择和管理

随着人们环境保护意识的增强和对健康生活方式的追求，未来生态民居建筑的设计将更加注重建筑材料的选择和管理。首先，对于建筑材料的选择将会更加严格地排除有害物质，优先选择环保、健康的材料，如可再生材料、低VOC（挥发性有机化合物）涂料等。其次，对于材料的管理，未来可能会建立更完善的回收体系和管理机制，以实现对使用过的材料的回收再利用，减少资源浪费，促进循环经济的发展。

2. 生态建筑住宅的设计

未来生态民居建筑的设计将更加注重生态性和可持续性。在设计阶段，将会更加注重对建筑材料的选择和设计方案的优化，以减少对自然资源的消耗和对环境的影响。同时，还将注重建筑与自然环境的融合，采用更多的绿色植被、节能设备和可再生能源技术等，打造出更加舒适、健康的居住环境。

3. 可拆卸性设计

未来生态民居建筑可能会更多地采用可拆卸性设计，以提高建筑的灵活性和可持续性。通过使用可拆卸的建筑构件和模块化设计，居民可以根据自己的需求和生活方式随时进行空间的调整和改造，实现功能区域的灵活转换。这种设计不仅可以提高居住者的生活舒适度，还可以减少建筑维护和更新的成本，促进建筑资源的可持续利用。

（二）实现生态民居建筑产业化

在经济快速速发展的社会中，由于人们环保意识的增强，许多人都具有了绿色民居的观念，所以在其建筑的设计中会要求绿色建筑材料的使用。绿色民居生态建筑学在建筑学的领域中，具有很大的作用，它可以很好地体现和表达出建筑学科的作用和发展的方向。因此，这就使生态民居建筑在设计上具有了产业化的特征，可以把绿色民居的概念推广到建筑领域中来，并在建筑领域中被广泛使用，营造出一个循环再利用的绿色生活空间，使人们的生活变得更加舒适和健康。

（三）生态民居建筑城市化

1. 明确城市性质和发展方向

在生态民居建筑的城市化过程中，明确城市性质和发展方向是至关重要的。不同城市由于地理位置、经济发展水平、人口规模、资源禀赋等方面的差异，具有各自独特的特点和发展需求。因此，需要对城市的性质和发展方向进行清晰认识和规划，以制定相应的生态环境规划，促进生态民居建筑的可持续发展。

第一，对于工业化城市而言，其经济发展已经相对成熟，但往往伴随着环境污染、资源消耗等问题。在这样的城市中，生态民居建筑的发展需要更多地注重环境治理和资源节约。例如，可以通过引入先进的环保技术和绿色建筑材料，改善城市空气质量、优化水资源利用，提高能源利用效率等，以减轻城市的环境负担，改善居民的生活环境。

第二，对于新兴城市而言，其经济发展较为迅速，但往往存在生态环境脆弱、资源利用不均衡等问题。在这样的城市中，生态民居建筑的发展需要更多地关注生态保护和可持续发展。例如，可以通过制定严格的土地利用规划和生态保护政策，保护城市的生态系统和自然景观，实施节约集约利用资源的建设理念，推动城市绿色发展，实现经济、社会和环境的协调发展。

第三，不同城市的发展方向也会影响到生态民居建筑的设计和布局。例如，对于以服务业为主导的城市，可以倡导发展集约化、多功能化的生态民居建筑，以满足城市居民对于生活品质和便利性的需求。对于以制造业为主导的城市，则可以注重发展智能化、节能环保的生态民居建筑，以提升城市的竞争力和可持续发展能力。

2. 制定生态环境规划

制定生态环境规划是城市化进程中的重要举措，它涉及城市绿化、水系规划、交通规划等多个方面，旨在实现城市的可持续发展，促进人与自然的和谐共生。在这个过程中，需要综合考虑城市的自然环境、社会经济、人口结构等多种因素，制定出符合城市特点和发展需求的科学规划方案。

第一，城市绿化规划是生态环境规划的重要组成部分。通过合理的植被布局和绿化设施建设，可以提高城市的生态环境质量，改善空气质量，减少城市热岛效应，增加生态系统的稳定性。在城市绿化规划中，需要考虑到不同区域的特点和需求，采取多样化的绿化方式，包括建设公园、绿化带、绿色屋顶等，以提供更多的休闲娱乐空间和生态功能。

第二，水系规划是生态环境规划的另一个重要方面。合理规划城市的水资源利用和管理，可以有效解决城市的供水、排水、防洪等问题，提高水资源的利用效率，保护水体生态系统的健康。在水系规划中，需要考虑到城市的地形地貌、气候特点和水资源分布情况，制定出科学合理的水资源管理方案，包括建设水库、湿地公园、雨水收集设施等，以实现城市水资源的可持续利用和生态修复。

第三，交通规划也是生态环境规划的重要内容之一。合理规划城市的交通网络和交通设施，可以减少交通拥堵和尾气排放，提高交通效率和安全性。在交通规划中，需要综合考虑城市的人口密度、道路网络、公共交通需求等因素，制定出多样化的交通方式，包括建设地铁、轻轨、自行车道等，以促进城市交通的绿色发展和生态可持续性。

3. 整体规划与顾全大局

在城市生态环境规划中，顾全大局、注重整体规划是确保城市可持续发展的关键。这意味着需要在规划过程中综合考虑经济、社会和环境的各种因素，以实现全面、协调、可持续的城市发展目标。以下是关于整体规划与顾全大局的几个方面：

（1）综合发展

城市生态环境规划应当注重综合发展，兼顾经济、社会和环境三大方面。不能只追求经济增长，而忽视环境保护和社会公平，而应该在经济发展的基础上实现环境质量的提升和社会福利的增加。

（2）永续发展

整体规划要着眼于城市的永续发展，即考虑到长期的发展需求和环境保护。这需要在规划过程中采取措施，保护自然资源，减少环境污染，促进资源的可持续利用，以确保城市的发展不会对未来造成负面影响。

（3）空间布局

城市的空间布局是整体规划的重要组成部分。在规划过程中，应该合理划分城市功能区，统筹安排居住、工作、商业、交通等各类用地，以实现城市各项功能的协调发展和空间利用的最优化。

（4）生态保护

城市生态环境规划必须注重生态保护，保护和修复城市的自然生态系统。这包括建设绿地、湿地、森林公园等生态景观，保护野生动植物的栖息地，减少生态系统的破坏和污染。

（5）社会公平

整体规划还应关注社会公平，确保城市发展的成果惠及所有居民。这意味着要提高城市基础设施建设的普及程度，改善城市居住条件，促进教育、医疗、文化等公共服务的均等化，减少贫富差距，实现社会的和谐稳定。

第六章 传统与现代住宅建筑的对比分析

第一节 结构与形式的对比

一、传统与现代住宅建筑的结构形式特点对比分析

（一）传统住宅建筑的结构形式特点

1. 木质结构或砖石结构

传统住宅建筑在结构上常采用木质结构或砖石结构。木质结构常见于古代建筑中，如中国传统建筑的木质梁柱结构，或日本的木造传统民居。而砖石结构则常见于欧洲古代建筑，如古希腊、古罗马的石结构建筑。

2. 梁柱框架支撑

传统住宅建筑的主要支撑形式常为梁柱框架结构。这种结构形式具有稳定性和耐久性，能够有效支撑建筑物的重量，保障居民的安全。

3. 对称、稳重的外观

传统住宅建筑在外观上常呈现出对称、稳重的特点。建筑物常具有明显的层次感和装饰性，外墙常饰以雕花、木雕等装饰元素，体现了古代建筑师对建筑美学的追求。

4. 外观装饰丰富

传统住宅建筑在外观装饰上常注重细节和装饰。建筑物常见的装饰元素包括雕刻、壁画、彩绘等，这些装饰元素丰富了建筑物的外观，也反映了当时文化艺术水平和审美观念。

（二）现代住宅建筑的结构形式特点

1. 钢筋混凝土结构或钢结构

现代住宅建筑越来越倾向于采用钢筋混凝土结构或钢结构，这种趋势反映了建筑技术的进步和发展。钢筋混凝土结构具有强度高、耐久性好等优点，适用于各种建筑形式的梁柱和楼板结构。它的使用范围广泛，可以满足不同形式建筑的结构需求。相比之下，钢结构具有重量轻、可塑性强等特点，适用于大跨度建筑的梁、柱和桁架结构，如高层建筑、大型体育场馆等。

钢筋混凝土结构和钢结构的采用，使得现代住宅建筑具有更好的抗震性能和整体结构稳定性。它们的使用不仅能够保证建筑物的安全性和耐久性，还可以实现建筑结构的轻量化和精简化，提高建筑的抗风能力和抗震能力。此外，钢材的可再生性和可回收性也使得这种结构形式更加环保和可持续。

2. 注重功能性和实用性

现代住宅建筑在结构上更注重功能性和实用性。建筑物的设计更加简洁明了，注重结构的实用性和效率性，减少了不必要的装饰和复杂性。这种设计理念体现了现代人对生活的追求，注重舒适、便利和实用。在现代社会，人们对于居住空间的需求越来越多样化，需要兼顾居住、工作、娱乐等多种功能，因此，现代住宅建筑在结构设计上更加灵活多变，以满足人们不同的生活需求。

3. 空间灵活性和通透性

现代住宅建筑更注重空间的灵活性和通透性。常见的设计手法包括开放式空间设计、大面积的玻璃幕墙设计等，以提高采光和通风效果，创造更加开放、舒适的居住环境。开放式空间设计使得室内空间更加通畅，增强了家庭成员之间的交流和互动。大面积的玻璃幕墙设计则将室内与室外空间紧密相连，使得自然光线充足，同时能够欣赏到室外美景，增强了居住的舒适感和品质。

4. 现代感和简约风格

现代住宅建筑的外观更注重现代感和简约风格。建筑物常采用简洁的线条和几何形状，外墙常涂以简洁明快的色彩，体现了现代建筑的时尚和前卫。现代建筑通过简约的外观设计，强调了建筑的整体性和统一感，使得建筑更具现代气息和城市风格。同时，简约的外观设计也更符合现代人的审美趋势和生活方式，受到了广泛的欢迎和认可。

二、结构与形式差异背后的文化、技术与功能需求影响解读

（一）传统住宅建筑

传统住宅建筑的结构形式深受当地文化、地域气候等因素的影响。在中国，古代建筑常常采用木质结构，这源于中国古代人们对木材的丰富运用和对木质结构的青睐。木材被认为是一种自然、温暖的建筑材料，与中国古代人们追求的天人合一、阴阳调和的哲学观念相契合。此外，中国传统建筑的结构形式也受到了风水学的影响，讲究"形势山水"，因此建筑的位置、方向、布局等都经过精心设计。

在结构方面，中国古代建筑的主要特点是梁柱框架结构和斗拱结构。梁柱框架结构以横梁、纵梁和柱子为主要构件，形成了稳定的支撑体系；而斗拱结构则以斗拱的组合形式来支撑建筑物的屋顶，具有一定的装饰效果。这些结构形式不仅能够保证建筑的稳定性和安全性，还能够体现出中国古代建筑的独特美学和文化内涵。

此外，中国古代建筑在外观装饰上也有独特之处。建筑物常常采用彩绘、雕刻等装饰元素，以体现建筑物的气势和美感。例如，古代宫殿、庙宇常常在檐角、门楼等处装饰有精美的彩绘和雕刻，展现了中国古代建筑的艺术价值和文化底蕴。

（二）现代住宅建筑

现代住宅建筑的结构形式更多受到科技进步和现代化工艺的影响。随着工业化和城市化的发展，现代建筑所采用的材料和工艺也发生了巨大变化。现代建筑常采用钢筋混凝土结构或钢结构，这种结构形式具有高强度、耐久性好的优点，能够满足大跨度建筑的需求。

在技术方面，现代建筑采用了许多先进的建筑技术和工艺，如预制构件技术、数字化设计技术等。这些技术的应用使得建筑施工更加高效、精准，同时也提高了建筑的质量和安全性。例如，现代建筑常常采用模块化设计和预制构件，可以在工厂生产完成后直接运输到现场组装，大大节约了施工时间和成本。

此外，现代社会对于舒适性、功能性的需求也推动了建筑形式的变革。现代家庭对于开放空间、多功能性的需求日益增加，因此现代住宅建筑更注重空间布局和功能设计。常见的设计手法包括开放式空间设计、大面积的玻璃幕墙

设计等，以提高采光和通风效果，创造更加开放、舒适的居住环境。

三、对比分析中的优缺点与启示

（一）传统住宅建筑的优点

1.丰富的文化内涵和历史沉淀

传统住宅建筑承载了丰富的传统文化和历史意义，反映了当地的民族特色和地域特征。这些建筑物常常是历史的见证者，具有独特的艺术价值和文化魅力。

2.结构稳固、经久耐用

传统建筑在结构上常采用木质结构或砖石结构，经过千年岁月的洗礼，仍能屹立不倒。其梁柱框架和斗拱结构形式具有良好的稳定性和耐久性，反映了古代人们对居住安全和舒适性的追求。

3.自然环境融合

传统建筑常常与自然环境融为一体，建筑布局和设计考虑了周围的自然风貌和地形地貌，形成了与自然环境和谐共生的局面。建筑材料多采用当地自然材料，如木材、土坯等，有利于保护自然资源和生态环境。

（二）传统住宅建筑的缺点

1.结构和功能上的局限性

传统建筑形式往往固守传统，结构形式和空间布局相对固定，难以满足现代生活的多样化需求。例如，传统建筑常常存在空间狭小、隔断分割等问题，不适合现代人们追求的开放、宽敞的居住环境。

2.环境影响较大

传统建筑常常采用木材等自然材料，存在对环境的消耗和污染。木材的采伐和加工会导致森林资源的破坏，同时在传统建筑的施工过程中也会产生大量的废弃物和污染物，对周围环境造成影响。

（三）现代住宅建筑的优点

1.结构稳固、空间开阔、功能多样

现代住宅建筑采用现代材料和工艺，结构更加稳固耐用，同时具有更开阔、

通透的空间布局，能够满足人们对于舒适、宽敞居住环境的需求。现代建筑的空间设计更加灵活多样，可根据居民的需求和生活方式进行个性化定制。

2.利用现代科技和工艺

现代住宅建筑充分利用了现代科技和工艺的优势，如钢结构、预制构件等，使得建筑质量和施工效率得到了极大提升。同时，现代建筑也更加注重节能环保和可持续发展，采用了一系列的环保材料和技术，减少了对环境的影响。

（四）现代住宅建筑的缺点

1.对传统文化的冲击和环境影响

现代建筑的迅猛发展对传统文化造成了一定的冲击，使得一些传统建筑和文化遭受了破坏和消失。同时，现代建筑的建设和使用也会产生大量的能源消耗和排放，加剧了环境污染和资源浪费问题。

2.技术更新速度较快

现代住宅建筑的技术更新速度较快，新的材料、工艺和设计理念不断涌现，导致建筑物的更新换代相对频繁。这可能导致过早的建筑物报废和资源消耗，造成了一定程度的资源浪费和环境压力。

第二节　功能与空间的对比

一、传统与现代住宅建筑功能需求与空间利用方式的对比

（一）传统住宅建筑的功能需求与空间利用方式

1.功能需求

传统住宅建筑的功能需求主要集中在基本的居住功能上。居民在传统住宅中需要满足起居、休息、用餐、睡眠等基本生活需求。这些功能通常通过房间的划分来实现，每个房间都有特定的功能。例如，客厅用于接待客人和家庭聚会，卧室用于休息和睡眠，厨房用于烹饪和储存食物，储藏室用于存放物品等。

2.空间利用方式

传统住宅建筑的空间利用方式相对固定，注重隔断和功能分区。房间之间

通过明确的隔断来划分，形成相对独立的空间单元，如墙壁、门和窗户等。这种空间利用方式强调私密性和功能分区，每个房间都有清晰的用途，但也可能导致空间的局促感和功能的单一性。另外，传统住宅建筑通常采用封闭式的设计，与外部环境相对隔绝，窗户较小，通风和采光不足。

3. 特点分析

传统住宅建筑的功能需求和空间利用方式反映了当时的生活方式和传统文化。由于功能区域分割明确，空间利用相对固定，传统住宅的布局常常较为拘谨和局促，但也具有私密性和稳定性的优点。然而，随着社会发展和人们生活方式的改变，这种传统的功能需求和空间利用方式逐渐不能满足现代人的需求，因此现代住宅建筑逐渐受到青睐。

（二）现代住宅建筑的功能需求与空间利用方式

1. 功能需求

现代住宅建筑的功能需求更加多样化和复杂化。除了满足基本的居住功能外，现代人们还需要更多的社交、娱乐、办公、健身等功能。因此，现代住宅建筑常常设计为多功能的空间，可以灵活满足不同居民的需求。例如，开放式的起居空间可以兼顾休息、娱乐和社交功能，同时还可以与厨房和餐厅相连，方便家人之间的交流和互动。

2. 空间利用方式

现代住宅建筑的空间利用方式更加灵活和开放。现代建筑常采用开放式布局和多功能区域设计，突破了传统的隔断和分区方式。空间之间的联系更加紧密，功能区域之间的界限更加模糊，使得居住空间更加通透和开阔。另外，现代住宅建筑还注重与自然环境的联系，采用大面积的落地窗和开放式阳台设计，增加了室内外空间的联系和交流。

3. 特点分析

现代住宅建筑的功能需求和空间利用方式反映了现代生活方式和社会发展的需求。多功能的设计使得居住空间更加灵活和多样化，符合现代人的多样化生活需求。开放式的布局和大面积的窗户设计不仅提高了空间的通透性和采光效果，也增加了居住的舒适性和宜居性。因此，现代住宅建筑在功能需求和空间利用方式上具有明显的优势，逐渐成为人们居住的首选。

二、功能与空间对比中的舒适性、便利性等方面的评估

（一）舒适性

1.传统建筑的舒适性

传统建筑注重空间的温馨和稳定性。木质结构和石头墙体具有良好的保温和隔热性能，能够有效调节室内温度，创造舒适的居住环境。另外，传统建筑通常采用厚重的墙体和窗户，可以有效隔绝外界噪音，提高居住舒适度。然而，传统建筑中功能区域的划分较为明显，可能导致空间的局促感和通风性不佳，影响舒适性。

2.现代建筑的舒适性

现代建筑注重空间的通透和灵活性，采用开放式布局和大面积的玻璃幕墙设计，提高了采光和通风效果，创造了更加开阔和舒适的居住环境。现代建筑还借助智能化技术，如智能温控系统、智能照明系统等，实现对室内环境的精细化调节，提高了居住舒适度。此外，现代建筑还注重人性化设计，如舒适的家具布置、柔和的照明设计等，进一步提升了居住体验的舒适性。

（二）便利性

1.传统建筑的便利性

传统建筑的设计较为简单，功能设施相对落后。例如，传统建筑可能缺乏现代的生活设施，如电梯、洗衣房等，居民可能需要更多的体力和时间来完成日常生活中的各项活动。此外，传统建筑的结构可能较为复杂，存在一些不便于老年人和残疾人的设计，如楼梯较多、通道较窄等。

2.现代建筑的便利性

现代住宅建筑在便利性方面具有明显优势。现代建筑常常配备了智能化的设备和系统，如智能家居系统、远程监控系统等，使得居民可以通过手机或平板电脑实现对家居设备的远程控制和监控，提高了生活的便利性和舒适度。此外，现代建筑还注重人性化设计，如无障碍设计、智能储物设计等，提高了居住的便利性和舒适性。

三、功能与空间对比中的文化差异与现代生活方式的反映

（一）传统建筑的功能与空间设计

1. 文化背景与生活方式的反映

传统建筑的功能与空间设计深受当时的文化背景和生活方式影响。在传统社会，家庭生活被视为私密的，传统建筑通常通过严格的功能分区来体现这种私密性。例如，中国古代传统建筑常常采用多进制布局，以院落为中心，形成明确的功能区域，如客厅、卧室、厨房等，每个功能区域在结构上相对独立，强调家庭成员之间的私密性和独立性。

2. 稳定性和传统价值观的体现

传统建筑的功能与空间设计也体现了稳定性和传统价值观。传统建筑结构稳固，空间布局固定，反映了古代社会对稳定和秩序的追求。此外，传统建筑的装饰和装修常常融入了宗教、哲学和历史等元素，体现了当时文化观念和价值取向，如雕花、壁画等反映了宗教信仰和传统文化。

3. 生活方式的变迁

尽管传统建筑在功能与空间设计上注重私密性和稳定性，但随着社会的发展和人们生活方式的变迁，传统建筑所体现的功能与空间设计也在发生改变。现代人对于生活的需求更加多样化和灵活，需要更加开放、多功能的居住空间，因此，传统建筑所体现的功能与空间设计已经不能完全满足现代人的需求，需要通过现代化的设计手法来进行调整和改善。

（二）现代建筑的功能与空间设计

1. 现代生活方式的反映

现代建筑的功能与空间设计反映了现代生活方式的特点。现代社会注重个性化、多样化的生活方式，因此，现代建筑的功能区域更加灵活多变，常常采用开放式布局和多功能区域设计。例如，现代公寓常常将起居区、餐厅和厨房融为一体，形成开放式的起居空间，提高了空间的利用率和居住的舒适性。

2. 科技与创新的应用

现代建筑的功能与空间设计也借助了科技和创新的力量。现代建筑常常配备智能化设备和系统，如智能家居系统、远程监控系统等，使得居民可以通过

手机或平板电脑实现对家居设备的远程控制和监控，提高了居住的便利性和舒适性。

3. 环境友好与可持续发展

现代建筑的功能与空间设计也注重环境友好和可持续发展。现代建筑常常采用绿色建筑设计理念，注重节能减排和资源循环利用。通过科技手段提高建筑的能效和环境适应性，为居民营造健康、舒适的居住环境。

第三节 文化与象征的对比

一、传统与现代住宅建筑中的文化象征意义对比分析

（一）传统住宅建筑的文化象征意义

1. 四合院的家族文化

（1）四合院简介

在中国五千多年的文明历史中，传统四合院建筑可以说是源远流长。早在商周时期，讲究文治的环境和渐渐发展壮大起来的农耕文化，人们慢慢习惯了追逐水草生活的习惯。后来周武王凤鸣岐山，将广大奴隶解放出来，开始安居乐业，最早的四合院就开始出现了。在讲究风水学的古代，人们广泛地认为，四合院集风水之精华，得天地之大成。四合院，渗透着汉民族一种与自然环境和谐融洽的"天人合一"的哲学思想。在中国南、北两大传统古建筑流派中，只有兰州的四合院形式大体与北京常见的四合院相近。兰州的四合院主要是明肃王移藩兰州、清设陕甘总督以后，逐渐形成以民居为主的规模。由于移民城市的因素，兰州所建造的四合院除保持四合院的共同特征、遵循兰州的风俗习惯外，又融进了主人原籍建筑的形制、习俗和文化，在传统建筑形式、装饰等方面均有较鲜明的地方特色和较久远的历史传统，呈现着细微的差异。

（2）四合院式民居

最早的庭院存在的基础是群居和自我防卫。随着经济文化的发展，开始出现城邑，庭院的作用就开始变成划分内外公私。而我国的四合院，却是将户外变成屋子的一部分：想要多一些烟火气，可以几家住在一起，孩童你追我赶，

鸡鸭满院；想要可以让人肃穆的庙宇，那就添上一些宗教色彩。在中国拥有千年历史的四合院，标准就是坐北朝南，采光充足，院落敞亮。老北京人心中最完美的四合院就是"金鱼缸，石榴树，肥狗胖丫头"。这种由围墙构筑的环境宁静悠远，既保留了高度的私密性又坚持了与邻居的亲和性。四合院始终可以让身处其中的居住者们保持着与家人、朋友、阳光乃至神祇的独特联系。"结庐在人境，而无车马喧"般世外桃源的生活环境，由四合院为人们造就，既隔离于嘈杂的外部环境，又不脱离自然。

（3）四合院带给现代住宅建筑设计的启发

作为中国传统民居典范的四合院，其完美地将自然、气候结合在一起，让室内和室外的空间感觉遥相呼应。这种异常和谐的设计理念所带来的心理效应和审美意境都是非常超凡的，它所反映的区域特点和建筑以及自然的和谐，是现代住宅设计所要再次领悟、重新学习的重要宝库。我们应该在继承传统民居建筑优点的基础上，进行再创造，深入发掘住宅设计的艺术内涵，让四合院的生态理念和现代建筑所拥有的激情相融合，让继承不仅仅停留在复制和粘贴的层面，而是从精神上给人们的生活注入传统文化的因子。目前，国内外的建筑师都已经将注意力转向改善现代住宅千人一面的现状，让住户可以更加接地气。

2.建筑结构中的文化元素

传统建筑的结构和装饰融入了丰富的文化元素，这些元素承载着历史的记忆和文化的传承，具有深远的意义和价值。其中，屋檐的翘角和门神的雕刻是两个代表性的文化元素，它们不仅是建筑的装饰，更是文化和信仰的象征，反映了古代社会的宗教信仰、风水学和生活习俗。

第一，屋檐的翘角是传统建筑的标志性特征之一，其设计不仅具有实用功能，还富含深厚的文化内涵。在中国传统建筑中，屋檐被视为是屋宇之脊，是建筑的重要组成部分，其形态和装饰往往承载着丰富的文化象征。屋檐的翘角常常被设计成曲线优美、翘起的形态，象征着瑞气升腾、吉祥如意。这种设计不仅具有装饰美感，更蕴含着人们对美好生活和幸福安康的向往。同时，屋檐的翘角也被赋予了驱邪避凶的寓意，被认为可以挡住邪恶之气，保护居民平安。因此，在传统建筑中，屋檐的设计常常受到风水学和宗教信仰的影响，成为建筑文化的重要组成部分。

第二，门神的雕刻也是传统建筑中常见的文化元素之一，常常出现在房屋的门楣或门柱上。门神通常以神话故事中的英雄人物或神祇形象为题材，雕刻精美，栩栩如生。门神的雕刻不仅是建筑装饰的一部分，更是文化和信仰的象征，代表着对家庭的保护和祝福。在古代社会，人们相信门神可以驱邪避凶，保护家庭免受灾祸和邪恶的侵袭，因此，门神的雕刻常常被视为是家庭的守护神，受到人们的崇敬和信奉。这种信仰和传统文化在传统建筑中得到了充分体现，成为建筑结构和装饰的重要一环。

（二）现代住宅建筑的文化象征意义

1. 摩天大楼的城市标志

现代摩天大楼常常被视为城市发展和现代化进程的象征。高耸入云的摩天大楼代表着城市的繁荣和力量，体现了现代社会的经济实力和科技水平。摩天大楼的建造不仅仅是一项工程，更是城市形象的展示和城市品牌的塑造，反映了现代城市的自信和追求。

2. 现代艺术与科技创新的体现

现代建筑的设计和造型更加注重现代艺术和科技创新。现代建筑常常采用简洁、几何的造型和材料，体现了现代社会对于简约和高效的追求。例如，玻璃幕墙的透明和开放代表着现代社会对于开放性和交流的追求，反映了现代城市的开放和包容。同时，现代建筑中智能化的设计和绿色建筑的理念也体现了现代社会对于可持续发展和环境保护的关注。

二、建筑中的符号与象征在传统与现代建筑中的演变与呈现

（一）传统建筑中的符号与象征

1. 建筑构件的象征意义

在传统建筑中，各种构件常常具有象征性意义。例如，中国古代宫殿建筑中的琉璃瓦和斗拱，不仅起着防水和支撑的作用，更代表着皇权和权势。屋檐翘角的设计不仅是为了遮风挡雨，更寓意着吉祥和福气，反映了古代社会对祥瑞的向往。

2. 图案与装饰的象征含义

传统建筑的装饰常常采用各种图案和雕刻，这些图案往往蕴含着丰富的象征意义。例如，中国古代建筑常常使用龙、凤、蝙蝠等图案，代表着权势、吉

祥和富贵。同时，一些几何图案和花纹也常常被赋予吉祥的含义，如"福"字、莲花等，成为建筑装饰的重要元素。

（二）现代建筑中的符号与象征

1.功能与形态的象征意义

现代建筑的形态和功能往往体现着当代社会的特点和价值取向。例如，摩天大楼的高耸入云的造型代表着现代都市的繁荣与发展，反映了城市经济的实力和影响力。而大型商业综合体的设计则体现了商业文明和消费主义的特征，成为当代城市发展的象征。

2.简约与高效的象征意义

现代建筑常常强调简约、几何和高效的设计理念，这种设计风格本身就成为现代建筑的一种象征。例如，现代办公楼和公共建筑常常采用简洁的线条和几何形态，体现了现代社会对于高效和功能性的追求，也反映了科技与工业化的发展趋势。

第四节　材料与施工技术的对比

一、传统与现代住宅建筑中材料与施工技术的对比分析

（一）传统建筑材料与施工技术

1.传统建筑材料

传统建筑所采用的材料主要源自自然，如木材、石头、土等。这些材料在当时的社会环境中具有丰富的地域文化内涵和传统特色。

（1）木材

木材作为传统建筑中最常用的材料之一，不仅在结构上承担着支撑的作用，还在装饰和雕刻上发挥着重要作用。在中国古代建筑中，木结构建筑以其独特的工艺和精湛的技艺成为代表，如榫卯结构、斗拱结构等都展现了中国古代木构建筑的精髓。木材的使用还赋予了建筑更多的温馨和人文气息，木质纹理、色泽和质感都能够为建筑增添独特的韵味。然而，随着时间的推移，木材易受

到腐蚀、虫蛀和自然环境的侵蚀，使得建筑的维护和保养成本相对较高。

（2）石头

石头在传统建筑中常被用作墙体和地基的建材。石头材质坚硬、质地稳定，能够承受较大的压力，因此常被用于支撑建筑的重要结构部位。石材的使用不仅能够提升建筑的稳定性和耐久性，还能赋予建筑独特的外观特点。在古代，石雕艺术也是传统建筑装饰中的重要组成部分，雕刻着各种神话传说、历史人物和装饰图案，丰富了建筑的艺术内涵。然而，石材的开采、加工和运输成本较高，且加工工艺复杂，导致了石材的使用受到一定限制。

（3）土材料

在许多古代文明中，土材料是一种常见的建筑材料。土坯墙、土砖和土陶等材料被广泛应用于建筑的墙体、地面和屋顶等部位。土材料具有良好的保温性能，能够调节室内温度，使人们在不同季节里都能享受到舒适的生活环境。此外，土材料还具有较好的吸湿、防火和隔音性能，有利于提高建筑的居住品质。然而，土材料受到自然因素的影响较大，容易受潮、开裂和腐蚀，需要加强保护和维护。

2.传统建筑施工技术

传统建筑的施工技术多为手工制作和传统工艺。这些工艺虽然复杂，但传承了世代相传的技艺和智慧，体现了人类对建筑的匠心和热爱。

（1）手工制作

传统建筑的构件常常需要经过熟练的手工制作。木工、石工等手工艺人经过长期学习和实践，掌握了精湛的制作技艺。在木结构建筑中，木工们需要根据建筑设计图纸精准地加工木料，制作榫卯结构、斗拱等重要构件。而在石构建筑中，石工们则需要根据设计要求准确切割、打磨石块，然后将其组装成稳固的墙体或柱子。手工制作不仅要求工匠们有精湛的技艺，还需要他们对材料的质地和特性有深入了解，以确保构件的质量和稳定性。

（2）传统工艺

传统工艺在传统建筑的装饰中起着重要作用。木雕、石雕、泥塑等工艺被广泛运用于建筑的装饰和雕刻，为建筑赋予了独特的艺术价值和文化内涵。木雕常用于门窗、横梁等部位的装饰，雕刻着各种花纹、神话传说和历史故事，展现了当时的审美观念和传统文化。石雕则常见于建筑的柱头、门楣等部位，雕刻出各种动植物、神兽和人物形象，为建筑增添了华丽的艺术气息。泥塑则多用于建筑的室内装饰，雕塑出各种生动形象，为建筑增添了生机和活力。

（3）施工周期长

由于传统建筑施工技术相对落后，施工周期较长，需要耗费大量人力物力。在传统建筑的施工过程中，木工、石工等工匠们需要进行大量的手工制作和现场加工，无论是木构件的榫卯拼接还是石材的切割打磨，都需要花费大量时间和精力。此外，传统工艺的运用也需要较长的时间，木雕、石雕等装饰工艺需要工匠们精心雕琢，耗时耗力。因此，传统建筑的施工周期较长，增加了施工成本和周期。

（二）现代建筑材料与施工技术

1. 现代建筑材料

现代建筑更多地采用工业化生产的现代材料，如钢筋混凝土、玻璃、复合材料等。这些材料具有统一的规格和质量标准，生产工艺先进，能够满足大规模建筑的需求。

（1）钢筋混凝土

钢筋混凝土是现代建筑中最常用的结构材料之一。其主要组成包括水泥、砂石和钢筋等。相比传统建筑的石头和土坯，钢筋混凝土具有更高的强度和稳定性。通过在混凝土中加入钢筋，可以克服混凝土自身的脆弱性，提高其抗拉强度和承载能力。钢筋混凝土的生产工艺日臻完善，混凝土浇筑采用模板支撑，使得建筑结构更加规范和精确。同时，钢筋混凝土的使用还能够有效减少建筑的自重，提高了建筑的抗震性能，因此在高层建筑和大跨度结构中得到广泛应用。

（2）玻璃

玻璃作为一种透明的建筑材料，被广泛用于现代建筑的外墙幕墙和窗户设计中。其主要优点是透光性好、耐候性强、易清洁等。现代玻璃工艺的发展使得玻璃的种类和功能不断丰富，如夹层玻璃、反射玻璃、隔热玻璃等，这些玻璃产品在保证采光的同时，还能够调节室内温度、减少噪音等，提高建筑的舒适性和能效性。此外，现代玻璃的加工工艺也日益精湛，可以定制各种形状和尺寸的玻璃板，满足建筑设计的多样化需求。

（3）复合材料

复合材料是由两种或两种以上的材料组合而成的新型材料，具有轻质、高强度、耐腐蚀等特点。在现代建筑中，复合材料常用于外墙饰面和结构加固。例如，玻璃钢是一种常见的复合材料，由玻璃纤维和树脂组成，具有优异的抗腐蚀性和机械性能，常用于建筑外墙的装饰和防水处理。另外，碳纤维复合材料也在建筑结构加固和轻质化设计中得到广泛应用，其高强度和轻量化特性可以有效提升建筑的抗震性能和整体性能。随着科技的不断进步，复合材料的种类和应用范围还将不断拓展，为现代建筑的发展带来新的可能性。

2. 现代建筑施工技术

现代建筑的施工技术更加先进，采用了预制构件、模块化设计、数字化建模等技术，能够提高施工效率和质量。

（1）预制构件技术

预制构件技术是一种将建筑构件在工厂中预先制作好，然后运输到现场进行安装的施工方法。这项技术可以显著减少施工现场的施工时间和人力成本。在预制构件工厂中，可以通过模具定制各种形状和尺寸的构件，包括墙板、柱子、梁等。由于这些构件是在受控的工厂环境下制造的，因此可以保证其质量和尺寸的准确性。一旦运送到现场，这些构件可以迅速进行安装，大幅缩短了建筑施工周期，提高了施工效率。此外，预制构件还可以减少现场施工过程中的浪费和污染，有利于环境保护和可持续发展。

（2）模块化设计技术

模块化设计技术是将建筑分解成多个独立的模块，每个模块在工厂中进行设计和生产，然后在现场组装成完整的建筑。这种施工方法可以同时进行设计和生产，大幅缩短了建筑的整体施工周期。通过模块化设计，建筑师可以更灵活地设计建筑，根据需要随时添加或更改模块。这种灵活性不仅提高了建筑设计的效率，还可以更好地满足客户的需求。同时，模块化设计还可以减少现场施工过程中的施工错误和浪费，提高了建筑的质量和可靠性。

（3）数字化建模技术

数字化建模技术是利用计算机辅助设计（CAD）和计算机辅助制造（CAM）技术进行建筑设计和施工的过程。通过数字化建模，建筑师可以更准确地模拟建筑的结构和外观，优化设计方案，提高建筑的性能和效率。同时，数

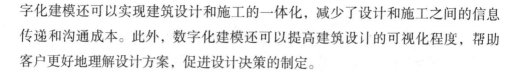

字化建模还可以实现建筑设计和施工的一体化，减少了设计和施工之间的信息传递和沟通成本。此外，数字化建模还可以提高建筑设计的可视化程度，帮助客户更好地理解设计方案，促进设计决策的制定。

二、材料与施工技术对比中的成本、耐久性等方面的评估

（一）成本比较

1.传统建筑

传统建筑的成本通常相对较低，主要是因为其所采用的材料和施工技术依赖于当地资源和人工。木材、石头、土等自然材料在当地较为容易获取，且人工成本相对较低。然而，虽然初始投资较低，但由于材料和工艺的局限性，传统建筑的后期维护成本较高。例如，木材容易受潮、虫蛀和腐蚀，需要定期进行防腐处理和修复；石头虽然坚固耐用，但加工难度大，修复和更换成本也较高；土材料受季节和气候影响较大，易受到自然侵蚀，需要定期维护。因此，尽管初始投资较低，但传统建筑的总体成本较高。

2.现代建筑

相比之下，现代建筑的成本相对较高。现代建筑采用的材料和施工技术经过科学测试和工程验证，具有较高的耐久性和安全性，但由于材料的先进性和施工的复杂性，成本较高。例如，钢筋混凝土、玻璃、复合材料等现代材料的采购和加工成本较高，而且现代建筑的施工技术更加精湛，需要较高技术含量的施工队伍和设备投入，导致施工成本增加。但与传统建筑相比，现代建筑的后期维护成本相对较低，因为现代材料通常具有较高的耐久性和抗灾能力，不需要频繁进行修缮和维护。

（二）耐久性比较

1.传统建筑

传统建筑的耐久性相对较弱。尽管木材、石头、土等材料具有一定的耐久性，但受自然因素和人为破坏的影响较大。例如，木材容易受潮、虫蛀和腐蚀，容易导致结构损坏；石头虽然坚固耐用，但在长期的风化和侵蚀下也会出现开裂和破损；土材料在受到雨水侵蚀和地基沉降的影响下，容易导致墙体开裂和倒塌。此外，传统建筑的施工技术相对简单，工艺水平参差不齐，也会影响建

筑的耐久性和稳定性。

2.现代建筑

现代建筑通常具有较高的耐久性和抗灾能力。现代建筑采用的钢筋混凝土、玻璃、复合材料等材料具有优异的抗压、抗拉和抗腐蚀性能，能够保证建筑的长期稳定性和安全性。同时，现代建筑的施工技术更加精湛，质量得到更好保证，有利于建筑的长期使用。例如，钢筋混凝土结构能够承受较大的荷载和外部冲击，玻璃幕墙具有良好的抗风压性能，复合材料外墙饰面具有优异的耐候性和防腐蚀性能。因此，相比传统建筑，现代建筑具有更长的使用寿命和更好的抗灾能力。

三、对比分析中的技术创新与传统工艺的平衡考量

（一）保留传统工艺的价值

1.文化传承与历史延续

传统工艺是代代相传的宝贵财富，蕴含着丰富的文化内涵和历史记忆。在建筑领域，传统工艺不仅是一种技术，更是一种文化传承和历史延续的象征。通过保留传统工艺，可以将人类智慧的结晶传承给后人，让历史的瑰宝得以延续。

2.地域特色与文化认同

传统工艺常常与当地的地理环境、气候条件、民族风情等密切相关，体现了地域特色和文化认同。在建筑设计中，保留传统工艺可以赋予建筑独特的地域韵味和民族特色，增强人们对建筑的认同感和归属感。

（二）借鉴现代技术的优势

1.提升建筑质量与效率

现代技术的不断进步为建筑行业带来了许多优势。新材料的应用、先进的施工工艺以及数字化设计等现代技术的引入，能够提高建筑的质量、效率和安全性。例如，预制构件和模块化设计可以降低施工周期、提高施工精度，并减少人工成本，从而提升建筑的整体效率和竞争力。

2.促进可持续发展

现代技术的应用还可以促进建筑行业向可持续发展的方向迈进。例如，智

能建筑系统、节能材料和环保施工工艺的采用可以降低建筑的能耗和环境污染，减少对自然资源的消耗，实现建筑与环境的和谐共生。

（三）探索创新与传统的结合点

1. 融合设计与工艺创新

创新与传统的结合点在于融合设计与工艺创新。通过在建筑设计中融入传统元素，如传统建筑的风格、装饰和构造等，结合现代技术的应用和工艺创新，可以打造具有独特魅力和现代功能的建筑作品。

2. 整合人文关怀与科技智慧

创新与传统的结合点还在于整合人文关怀与科技智慧。在建筑设计和施工中，既要注重传统工艺的保护和传承，又要借助现代科技的力量，提升建筑的品质和性能，为人们创造更舒适、更安全、更具美感的生活空间。

第七章　现代设计中的传统元素融合

第一节　现代建筑中的传统元素引入

一、现代建筑中传统元素引入的方式与手法分析

（一）建筑结构与形态

1. 传统屋檐与现代建筑结构融合

传统建筑中的屋檐常常采用悬挑式结构，具有独特的风格和造型。在现代建筑设计中，可以将传统的屋檐元素融入建筑结构中，通过现代材料和工艺进行重新演绎。例如，在高层建筑的设计中，可以采用钢结构来支撑传统的屋檐设计，使其具有轻盈的视觉效果，同时又不失传统建筑的韵味。

2. 传统斗拱与现代建筑形态结合

传统建筑中的斗拱是一种常见的装饰元素，常用于支撑建筑的屋顶或门廊。在现代建筑设计中，可以将传统的斗拱元素融入建筑的立面设计中，以增加建筑的立体感和层次感。通过灵活运用现代建筑技术，可以实现对传统斗拱形态的再创造和改良，使其更加符合现代建筑的审美需求和功能要求。

3. 传统廊柱与现代建筑空间结构融合

传统建筑中的廊柱常常被用于构建建筑的走廊和室外空间，具有一定的实用功能和装饰效果。在现代建筑设计中，可以将传统的廊柱元素引入到建筑的空间结构中，以创造出具有传统氛围的室内或室外空间。通过对传统廊柱形态和材料的重新诠释和运用，可以使其与现代建筑的空间结构相融合，形成具有时代特色和文化韵味的建筑空间。

（二）装饰与图案

1. 传统砖雕与现代建筑外立面设计

传统建筑中常见的砖雕艺术具有丰富的文化内涵和艺术价值，常被用于建筑的外立面装饰。在现代建筑设计中，可以通过对传统砖雕元素的重新演绎和创新，将其融入建筑的外立面设计中，以增加建筑的艺术感和文化气息。通过现代工艺和技术手段，可以实现对传统砖雕图案的精细雕刻和立体呈现，使其与现代建筑的外观风格相协调。

2. 传统木雕与现代建筑内部装饰

传统木雕艺术在建筑装饰中常被用于门窗、楼梯、栏杆等部位，具有独特的工艺和审美效果。在现代建筑设计中，可以将传统木雕元素引入到建筑的内部装饰中，以增加空间的艺术性和温馨感。通过对传统木雕图案和结构的重新设计和运用，可以使其与现代建筑的室内空间相融合，营造出具有文化底蕴和情感共鸣的室内氛围。

3. 传统瓷砖与现代建筑立面装饰

传统瓷砖在建筑装饰中常被用于墙面、地面等部位，具有丰富的图案和色彩，能够为建筑增添独特的视觉效果。在现代建筑设计中，可以将传统瓷砖元素融入建筑的立面装饰中，以丰富建筑的外观表现。通过现代工艺和技术手段，可以实现对传统瓷砖图案的精细制作和立体组合，使其与现代建筑的立面设计相协调，形成统一的装饰风格。

（三）材料与工艺

1. 传统木质结构与现代建筑结构设计

传统建筑中常采用木质结构作为主要结构形式，具有温暖、自然的特点。在现代建筑设计中，可以将传统的木质结构引入到建筑的结构设计中，以赋予建筑更具人文情怀和生态意识。通过现代工程技术和材料科学的发展，可以对传统木质结构进行优化和加固，以满足现代建筑对于结构强度和耐久性的要求。同时，木质结构的运用还可以实现对建筑空间的自然通风和采光，提升建筑的舒适性和环保性。

2. 传统石材雕刻与现代建筑装饰设计

传统建筑中常使用石材进行雕刻和装饰，具有精美细腻的艺术效果。在现代建筑设计中，可以将传统的石材雕刻元素引入到建筑的装饰设计中，以增加建筑的文化内涵和艺术气息。通过现代数控雕刻技术和先进的材料加工工艺，可以实现对传统石材图案的精细呈现和立体雕塑，使其与现代建筑的立面装饰相融合，形成统一的装饰效果。

3. 传统泥塑与现代建筑艺术装饰

传统建筑中的泥塑艺术常被用于建筑的外墙、室内装饰等部位，具有丰富的民俗风情和文化内涵。在现代建筑设计中，可以将传统的泥塑元素引入到建筑的艺术装饰中，以丰富建筑的文化内涵和审美表现。通过现代工艺和材料的运用，可以实现对传统泥塑图案的复制和再现，使其与现代建筑的艺术装饰相融合，展现出新时代的建筑美学。

二、传统元素在现代建筑中的审美效果与实用性评价

（一）审美效果评价

1. 丰富的文化内涵和历史感

传统元素在现代建筑中的引入，可以为建筑赋予更加丰富的文化内涵和历史感。例如，传统的屋檐、斗拱、廊柱等元素常常蕴含着深厚的历史沉淀和文化积淀，能够唤起人们对传统文化的回忆和热爱。这些传统元素作为建筑的装饰和构件，不仅展现了古代建筑的精湛工艺和艺术价值，还体现了人们对历史文化的尊重和传承。

2. 独特的艺术表现和审美价值

传统元素在现代建筑中的应用，往往能够为建筑赋予独特的艺术表现和审美价值。传统建筑中的装饰图案、雕刻和泥塑等艺术元素，常常具有精美细腻的工艺和独特的艺术风格，在现代建筑中得到了重新诠释和发展。这些传统艺术元素不仅能够增加建筑的视觉吸引力和美感，还能够丰富人们的审美体验，提升建筑的整体品位和形象。

3. 与现代建筑风格的融合与创新

传统元素与现代建筑风格的融合，往往能够创造出独具特色的建筑风格和形态。现代建筑常常以简约、现代主义的风格为主导，但引入传统元素后，可以使建筑呈现出更加多样化和丰富化的设计语言。传统元素与现代建筑的结合，

既能够传承传统文化，又能够创造出具有当代气息和时代特色的建筑作品，为城市增添了独特的景观和魅力。

（二）实用性评价

1.功能性的提升

传统元素在现代建筑中的应用，不仅能够赋予建筑以审美价值，还能够提升建筑的功能性。例如，传统的屋檐可以有效遮挡阳光和雨水，起到保护建筑的作用；传统的木质结构具有良好的保温性能，有利于改善建筑的室内环境，提高能源利用效率。因此，传统元素的引入不仅能够满足人们对建筑美感的追求，还能够满足建筑功能性的需要，实现美与实用的统一。

2.文化认同与社会价值

传统元素在现代建筑中的运用，可以强化人们对传统文化和历史记忆的认同感，促进社会和谐稳定。传统建筑的元素往往承载着丰富的历史文化内涵和社会价值观，能够唤起人们对传统文化的情感认同和文化自豪感。现代建筑通过对传统元素的引入和再创造，可以实现对传统文化的传承和弘扬，促进社会文化的多元发展和繁荣。

3.可持续发展与环境保护

传统元素的运用还有助于实现建筑的可持续发展和环境保护。传统建筑常采用自然材料和手工工艺，具有良好的环境适应性和生态友好性，有利于减少对自然资源的消耗和环境的破坏。现代建筑中引入传统元素，不仅可以减少对现代工业化材料的依赖，还能够提高建筑的环境适应性和可持续性，实现人与自然的和谐共生。

第二节 设计师的创新与表达

一、设计师在现代建筑设计中对传统元素的创新尝试

（一）重新诠释传统图案与装饰

1.抽象化与现代化

设计师在现代建筑设计中对传统图案与装饰的重新诠释体现了一种抽象化与现代化的手法，将传统元素与现代建筑相融合。这种创新尝试不仅赋予了传统元素新的生命，也为现代建筑注入了独特的文化底蕴和审美效果。

第一，设计师通过抽象化的手法重新诠释传统图案与装饰。传统的中国花纹、几何图案等经过设计师的重新构思，不再局限于传统的形式和表现方式，而是以更加简洁、抽象的形式呈现。这种抽象化的处理使得传统图案更具有现代感，能够更好地融入现代建筑的设计语境中。

第二，设计师运用现代化的手法将传统元素融入现代建筑设计中。现代建筑通常以简洁、线条清晰、结构明确为特点，设计师在重新诠释传统元素时，注重与现代建筑的风格和特点相协调。通过运用现代的设计工具和技术，设计师可以将传统图案与装饰与现代建筑的线条和结构相融合，使其更加符合现代审美观。

这种抽象化与现代化的手法不仅使传统元素在现代建筑中得以传承和发展，也为建筑注入了更加丰富的文化内涵和审美价值。传统元素经过重新诠释和现代化的处理，不仅展现了设计师对传统文化的尊重和理解，也为建筑赋予了新的时代意义和生命力。

2.基于文化解读

传统图案所蕴含的意象、寓意和象征，在设计师的眼中得到了新的解读与赋予，与现代建筑的功能和氛围相融合，为建筑注入了丰富的文化内涵和独特的审美价值。

第一，设计师通过对传统图案的文化解读，深入挖掘其中蕴含的意义和象征。传统图案往往源自丰富的历史文化，其中包含着丰富的文化符号和象征意

义。设计师通过对这些图案的深入研究和解读，揭示出其背后所蕴含的文化内涵和精神价值。例如，传统中国花纹中的花草鸟兽，往往代表着吉祥、祥和与美好的寓意，而龙凤等神兽更是象征着皇权和权威。设计师通过对这些图案的文化解读，将其转化为建筑设计的元素，赋予建筑更加丰富的文化内涵。

第二，设计师将传统图案与现代建筑的功能和氛围相融合，实现了文化与现代的有机结合。传统图案经过设计师的解读和转化，不再是简单的装饰元素，而是与建筑的功能和氛围相结合，为建筑增添了独特的文化气息和审美价值。例如，在建筑立面的设计中，传统图案可以被运用为装饰性的元素，同时也可以根据功能需求被赋予新的设计意义，如窗棂的设计中融入了传统花纹，不仅美观，还具有遮阳、通风等实际功能。

第三，设计师通过对传统图案的文化解读，实现了传统文化的传承和创新。传统图案作为文化的传承载体，承载着丰富的历史文化和民族精神，而设计师通过对其的重新解读和创新，将其转化为现代建筑的设计元素，实现了传统文化的传承和创新。这种传统与现代的有机结合，不仅丰富了建筑的文化内涵，也为传统文化的发展注入了新的活力。

（二）结合现代材料与工艺

1.技术创新与工艺突破

设计师在现代建筑设计中不仅尝试将传统元素与现代材料和工艺相结合，更通过技术创新和工艺突破，实现了传统元素在现代建筑中的再现，从而赋予建筑更加丰富的文化内涵和更高的艺术价值。这种融合既是对传统文化的传承，也是对现代科技的运用，体现了建筑设计中技术与艺术的完美结合。

第一，设计师在技术创新方面，通过现代加工工艺实现了传统木质结构的更新与变革。传统木质结构在现代建筑中得到了进一步发展和完善，不仅可以实现更大跨度和更复杂的结构形式，还可以提高建筑的结构稳定性和抗震性能。例如，利用先进的 CAD、CAM 技术，设计师可以精确地设计和加工木构件，实现复杂曲线和精细纹理的表现，使得传统木质结构在现代建筑中焕发出新的生命力和艺术魅力。

第二，在工艺突破方面，设计师通过对传统工艺的创新和改进，实现了传统元素的现代化呈现。传统工艺在现代建筑中得到了更加精湛和细致展现，不仅保留了传统工艺的韵味和特色，还融入了现代技术的优势，使得建筑装饰更加精美细致。例如，传统的砖雕和瓷砖在现代建筑中可以借助数字化技术进行精细制作，实现更丰富的装饰效果，同时提高了工艺的效率和质量。

2.数字化设计与精细制作

设计师在现代建筑设计中，结合了现代数字化技术和精细制作工艺，对传统图案和装饰进行了精密的定制设计和加工，从而实现了建筑装饰的更加丰富和精致。这种数字化设计与精细制作的结合，不仅提升了建筑的艺术水准和审美价值，也为建筑行业带来了全新的发展机遇和挑战。

第一，设计师利用现代数字化技术，对传统图案和装饰进行精细设计和定制。通过 CAD 软件，设计师可以将传统图案进行数字化处理，实现图案的放大、缩小、旋转等操作，以满足不同建筑的需求和要求。这种数字化设计的方式不仅提高了设计效率，还可以实现更加复杂和精细的装饰效果，使建筑在视觉上更加丰富多彩。

第二，设计师通过精密的制作工艺，实现了传统图案和装饰的精细加工。利用数控机床（CNC）和激光切割技术，可以将数字化设计的图案精准地刻制在各种材料上，如石材、金属、玻璃等，使得装饰元素具有更高的精度和质感。同时，还可以通过 3D 打印技术实现对装饰元素的立体打印，使其更加立体感，更加生动逼真。这种精细制作工艺的运用，为建筑装饰提供了更多的可能性和选择，使建筑在细节上呈现出更高的艺术水准和精美程度。

（三）基于文化符号的重新设计

1.传统文化符号与当代审美理念的结合

（1）重新演绎传统元素

设计师将传统文化符号与当代审美理念相结合，进行了重新演绎和设计。传统的中国元素如龙、凤、云纹等被赋予了新的形态和意义。通过简化、抽象或现代化的手法，使这些传统符号更具有时代感和现代审美的特点。例如，龙凤等传统图案可以被设计成线条简洁、造型流畅的现代艺术作品，云纹可以被重新演绎成抽象的几何图案，以适应现代建筑的设计需求和审美趋势。

（2）赋予建筑更深层次的文化内涵

通过重新设计传统文化符号，设计师赋予了现代建筑更深层次的文化内涵和象征意义。这些符号不仅仅是装饰性的元素，更承载着丰富的历史文化和精神价值。设计师在重新演绎传统符号的过程中，注重挖掘其背后的文化内涵和历史意义，使之成为建筑的文化标识和精神符号，引发人们对文化传承和身份认同的共鸣与思考。

2. 创新设计为现代建筑注入文化底蕴与艺术魅力

（1）对当代社会审美需求的回应与探索

设计师的创新设计是对当代社会审美需求的回应与探索。随着社会的发展和人们审美观念的变化，人们对建筑的审美需求也在不断演变。传统文化符号的重新设计，使之与现代建筑相融合，既满足了人们对建筑功能性的需求，又丰富了建筑的文化内涵和艺术表现力，为现代社会注入了更多的文化底蕴和审美情感。

（2）丰富人们的文化生活与精神体验

创新设计为现代建筑注入了更多的文化底蕴和艺术魅力，丰富了人们的文化生活和精神体验。建筑作为人们生活的重要组成部分，不仅仅是功能性的空间，更是文化的载体和精神的寄托。传统文化符号的重新设计，使建筑成为文化的传承者和表达者，为人们提供了更丰富多彩的文化体验和精神享受。

二、设计师通过传统元素表达当代审美观念与文化认同

（一）强调历史与当代的对话

设计师通过引入传统元素，强调历史与当代的对话，体现出对历史文化的尊重和珍视。这种设计手法不仅展示了设计师对传统文化的认同，也反映了当代社会对历史传统的重新审视与理解。

（二）探索文化认同与现代精神的统一

设计师在现代建筑设计中通过传统元素的运用，探索文化认同与现代精神的统一。他们试图在传统与现代之间找到一种平衡，使建筑既能够传承传统文化，又能够体现当代社会的需求和理念。

（三）强调人文关怀与情感表达

设计师通过传统元素的运用，强调建筑的人文关怀与情感表达。传统元素往往承载着丰富的情感和记忆，能够唤起人们对过去时光的回忆与思考，使建筑更加具有温度和生命力。

第三节　传统元素在现代建筑中的角色与意义

一、传统元素在现代建筑中的符号意义与文化价值

（一）传承历史与文化底蕴

1. 民族传统文化的延续

传统元素在现代建筑中承担着传承历史与文化底蕴的重要使命。这些元素不仅是建筑结构或装饰的一部分，更是民族传统文化的延续和展示。在现代社会，随着全球化的发展和科技的进步，传统文化面临着被边缘化和消失的危机。因此，将传统元素融入现代建筑设计中成为保护和传承民族传统文化的一种重要方式。

第一，传统元素如斗拱、琉璃瓦等承载了古代建筑工艺和文化艺术的精髓。这些元素不仅是建筑的装饰品，更是历史的见证者和文化的传承者。斗拱作为中国古代建筑的典型结构形式，不仅具有承重的功能，更是古代建筑工匠智慧和技艺的结晶。而琉璃瓦作为传统建筑的覆盖材料，不仅具有防水、保温等功能，更是中国传统建筑风格的重要标志之一。将这些传统元素引入到现代建筑中，既可以赋予建筑以历史感和文化气息，也可以让人们重新审视和珍视传统文化的珍贵遗产。

第二，将传统元素融入现代建筑设计中，是对民族传统文化的一种呈现与表达。随着现代社会的发展，人们对于传统文化的认知和理解逐渐淡化，传统文化面临着被遗忘和淡化的危机。因此，通过将传统元素融入现代建筑中，可以让人们重新认识和感受传统文化的魅力和深刻内涵。例如，在现代建筑的外立面设计中，可以运用传统的砖雕、木雕等装饰元素，以及传统的建筑结构形式，使建筑呈现出独特的民族风格和文化底蕴。这不仅有助于提升建筑的审美品质，也有助于激发人们对传统文化的兴趣和热爱。

2. 文化记忆的传递

传统元素作为历史的见证，承载着丰富的文化记忆。这些元素不仅仅是建筑的装饰物，更是传统文化的生动体现和历史发展的见证者。将传统元素融入

现代建筑中，使建筑本身成为文化的传承者和承载者，为人们传递着丰富而深刻的文化记忆。

第一，传统元素蕴含着悠久的历史和深厚的文化内涵。例如，在中国传统建筑中，斗拱、榫卯、琉璃瓦等元素都承载着丰富的历史和传统文化。这些元素不仅是建筑结构或装饰的一部分，更是历史文化的象征和标志。斗拱作为古代建筑结构的重要组成部分，反映了古代建筑工匠的智慧和技艺；而榫卯则代表了古代木工的精湛技艺，是中国古建筑工艺的杰作；琉璃瓦则是中国古代建筑独特的覆盖材料，不仅具有实用功能，更是中国传统建筑的标志之一。这些传统元素通过建筑的呈现，向人们展示了历史的痕迹和文化的沉淀，使人们能够感受到古代文明的辉煌和智慧。

第二，传统元素融入现代建筑设计中，为建筑赋予了独特的文化韵味和艺术价值。通过将传统元素巧妙地融入现代建筑的设计中，设计师不仅能够赋予建筑以历史感和文化气息，更能够提升建筑的审美品质和艺术价值。例如，在现代建筑的外立面设计中，可以运用传统的砖雕、木雕等装饰元素，以及传统的建筑结构形式，使建筑呈现出独特的民族风格和文化底蕴。这些传统元素的运用不仅能够丰富建筑的形式和内容，更能够增强建筑的艺术感和观赏性，使人们在欣赏建筑的同时，也能够感受到文化记忆的传递和延续。

（二）弘扬民族精神与文化认同

1.民族文化的自豪与认同

传统元素在现代建筑中的运用，不仅仅是为了装饰建筑，更是对民族精神和文化认同的一种弘扬。这些元素承载着民族的独特风貌和传统文化，通过建筑的呈现，彰显了民族文化的独特魅力，激发了人们的民族自豪感和文化认同。

第一，传统元素的运用是对民族文化的自豪与认同的一种体现。在现代建筑设计中，设计师通过引入传统元素，如斗拱、榫卯、瓦当等，赋予建筑以独特的民族风格和文化底蕴。这些元素不仅是历史的延续，更是民族文化的象征和标志。例如，在中国古代建筑中，斗拱是承载屋檐的重要结构，而榫卯则是木结构建筑的特色构件，这些元素反映了古代中国建筑工艺的精湛和民族文化的独特魅力。通过将这些传统元素融入现代建筑中，设计师不仅向世人展示了中国传统文化的丰富内涵，更激发了人们对自己民族文化的自豪和认同。

第二，传统元素的运用是对历史文化的尊重和传承的一种表达。在现代社会，随着城市化进程的加速和建筑技术的发展，越来越多的传统建筑被改建或拆除，传统文化面临着流失和消失的危险。因此，将传统元素融入现代建筑中，不仅是对历史文化的尊重，更是对历史文化的传承和延续。通过建筑的呈现，人们能够感受到传统文化的魅力和价值，从而更加珍惜和保护传统文化的传承。

第三，传统元素的运用是对民族精神和文化认同的一种弘扬和传播。在全球化的今天，民族文化面临着来自外部文化的冲击和挑战，传统文化的保护和传承显得尤为重要。通过将传统元素融入现代建筑设计中，设计师不仅能够传承和弘扬民族精神，更能够向世界展示民族文化的独特魅力和价值。这种对民族文化的自豪与认同的表达，不仅能够增强人们对自身文化身份的认同感，更能够促进不同民族文化之间的交流与共融，推动文明的发展与进步。

2.跨越时空的文化桥梁

传统元素在现代建筑中的延续和发展，不仅是对历史文化的传承，更是文化传播的桥梁，跨越时空连接着过去与现在、东方与西方。这些元素的融合与展示，使得建筑不再仅仅是一种功能性的结构，而成为文化的载体和表达。在这个过程中，传统元素承载着丰富的历史与文化内涵，通过现代建筑的设计与建造，被赋予了新的意义和生命。

第一，传统元素的延续与发展拓展了文化传播的渠道。传统元素作为文化的符号和象征，通过现代建筑的展示和传播，成为连接不同文化之间的桥梁。在全球化的背景下，建筑作为一种视觉语言，可以跨越语言和地域的限制，传递着民族的文化自信和魅力。例如，中国古代建筑中常见的斗拱、榫卯等元素，通过现代建筑的呈现，向世界展示了中国传统文化的独特魅力和智慧，成为中国文化的重要使者和代表。

第二，传统元素的跨文化传播促进了不同文化之间的交流与理解。在现代建筑设计中，设计师常常将来自不同文化的元素融合在一起，创造出具有独特韵味的建筑形态。这种跨文化的设计不仅丰富了建筑的表现形式，更促进了不同文化之间的交流与融合。通过建筑的展示，人们能够了解和欣赏来自不同文化的艺术和美学，增进了对彼此文化的理解与尊重。例如，现代建筑中常见的东西方文化元素的融合，不仅为建筑注入了新的活力，也促进了东西方文化之间的交流与互鉴。

第三，传统元素的延续与发展促进了文化多样性的繁荣与发展。在现代社会，文化多样性是人类社会发展的重要标志之一。通过将传统元素融入现代建筑中，设计师不仅传承了民族的传统文化，更为文化多样性的保护和发展作出了贡献。这种文化多样性的繁荣不仅体现在建筑形态和风格上，更体现在人们对文化多样性的认可与包容上。通过建筑的展示和传播，人们能够更加深入地了解和欣赏不同文化的魅力，从而促进了文化多样性的繁荣与发展。

（三）唤起情感共鸣与文化认同

1. 情感记忆的唤起

（1）传统元素的历史回忆

传统元素在现代建筑中的运用往往会触发人们对历史的情感记忆。这些元素代表着过去的时光和历史文化，通过建筑的呈现，唤起了人们对过去的回忆和情感共鸣。例如，在古老的城市中，一座保存完好的古建筑，如古城墙、古寺庙等，常常能够让人们感受到历史的厚重和文化的积淀，激发起对古老时代的情感记忆。

（2）情感共鸣的体验

传统元素的存在使得人们在现代建筑中能够体验到情感共鸣。这些元素承载着人们的情感记忆和生活体验，通过建筑的展示和互动，唤起了人们对过去时光的怀念和情感共鸣。例如，在现代住宅设计中，设计师常常通过保留传统的庭院设计或者传统的装饰元素，营造出亲切温馨的家庭氛围，使居住者在其中感受到家国情怀和亲情情感的共鸣。

2. 文化认同与共鸣

（1）文化认同的强化

传统元素在现代建筑中的运用不仅是对历史文化的传承，更是对人们文化认同的一种强化。这些元素承载着民族文化的精髓和特色，通过建筑的展示和呈现，加深了人们对自身文化身份的认同。例如，在现代城市中，一座采用传统中式建筑风格的建筑，能够使人们更加自豪地认同自己的传统文化和民族身份。

（2）情感共鸣的加深

传统元素的运用也引发了人们对文化的情感共鸣。这些元素不仅是对过去时光的怀念，更是对传统文化的认同和理解。通过与建筑互动，人们能够深入地体验到自己与文化的连接，加深了对传统文化的认同和理解。例如，在参观一座采用传统元素设计的现代博物馆时，人们不仅能够欣赏到建筑的美学价值，更能够感受到对传统文化的情感共鸣和认同。

二、传统元素对现代建筑功能与氛围的影响分析

（一）赋予建筑独特的氛围与品味

1. 文化内涵的注入

（1）传统元素的历史沉淀

传统元素的引入为现代建筑注入了丰富的文化内涵。这些元素承载着历史的沉淀和文化的积淀，代表着民族的传统文化和精神内涵。例如，中国古代建筑中常见的斗拱、琉璃瓦等元素，通过引入这些元素，现代建筑得以延续历史的记忆和文化的底蕴。

（2）文化氛围的营造

传统元素赋予了建筑独特的文化氛围，使人们在其中能够感受到文化的魅力和历史的厚重。例如，在现代城市中，一座采用传统中式建筑风格的建筑，不仅成为城市的地标，更成为民众对历史文化的共同记忆和情感寄托。

2. 艺术价值的体现

（1）传统元素的美学魅力

传统元素常常蕴含着丰富的艺术价值，如古代建筑中的雕刻、壁画等。这些元素不仅在功能上起到装饰的作用，更在审美上呈现出独特的魅力。例如，在现代建筑中引入传统的装饰图案和雕刻，使建筑更具艺术性和审美价值。

（2）建筑的艺术气息

传统元素的融入为建筑增添了艺术气息，使其成为城市景观中的一道亮丽风景线。这些元素不仅体现了建筑的美学追求，也彰显了设计师对艺术的热爱和追求。例如，在现代建筑的立面设计中，常常可以看到传统元素的装饰图案和雕刻，为建筑增添了独特的艺术魅力。

（二）提升建筑的实用性与舒适性

1. 自然环境的优化

（1）传统庭院设计的优势

传统庭院设计是古代建筑中常见的特色之一。通过将这一传统元素引入现代建筑中，可以优化建筑的自然环境。庭院设计能够为建筑提供良好的自然采光和通风条件，有效改善室内空间的舒适度。充足的自然光线和新鲜空气不仅能够提高居住者的生活品质，也有助于人们的健康和幸福感。

（2）自然与人的和谐共生

通过庭院设计，建筑与自然环境实现了和谐共生，使居住者能够更好地与自然亲近。在庭院中种植绿植和花卉，布置休闲座椅和小品装饰，营造出一个宜人的休闲空间。居住者可以在这里感受到大自然的美好，放松心情，减轻生活压力，提升生活质量。

2. 节能环保的特点

（1）木质结构的应用优势

传统元素中的木质结构在现代建筑中的应用，能够提升建筑的节能环保性能。木质结构具有良好的保温性能，能够有效隔绝室内外温差，降低能耗成本。与传统的混凝土结构相比，木质结构更加环保，其生产和使用过程对环境的影响较小。

（2）环保理念的体现

通过引入木质结构等传统元素，建筑设计体现了对环境的尊重和保护。现代社会对于节能环保的重视日益增强，建筑行业也在积极响应这一趋势。选择木质结构不仅能够降低建筑的能耗，还能够减少建筑施工过程中产生的污染和废弃物，实现建筑与环境的和谐共生。

三、符号学对分析新中式建筑与室内的实际运用

（一）新中式建筑与室内设计中的指示性符号

在皮尔斯的符号学理论分类中，指示性符号表示：能指与所指有着某种事实上的因果关系。指示性符号，是我们平常所理解的符号表现形式，即仅表达表层含义，仅仅行使基本责任。在新中式建筑和室内设计的表达上，就是通过

简单的重现，运用传统元素来实现传统的指示性表达。下面列举三点：

1. 木构代表了我国鲜明的建筑特色，可以作为传统的指示性符号

斗拱、榫卯等传统构件承载着丰富的文化与艺术价值，在现代建筑中仍然扮演着重要的角色，不仅体现了历史的传承与延续，更是对传统文化的一种珍视与呈现。

第一，斗拱、榫卯等传统木构件具有独特的建筑形式与美学意境。它们不仅承载着建筑的结构功能，还蕴含着丰富的文化内涵。例如，斗拱作为中国古建筑的典型构件，其优雅的弧形线条和精湛的雕刻工艺代表了中国古代建筑工匠的智慧和技艺。榫卯则是中国传统木结构中的重要连接方式，其精密的工艺和完美的结构使其成为中国古代建筑的瑰宝。这些传统构件在空间中以完全传统的样式呈现，无论是承担实际作用还是仅具装饰作用，都能直接唤起人们对传统的联想，为建筑赋予了独特的氛围与品味。

第二，传统木构件在现代建筑中的应用不仅仅是对历史的传承，更是对美学的追求与表达。随着建筑设计理念的不断发展，传统木构件在现代建筑中得到了重新诠释和运用。设计师将传统元素与现代建筑风格相融合，创造出具有时代感和文化认同的建筑形态。例如，现代建筑中常见的装饰性斗拱和榫卯，虽然在功能上可能并不起作用，但其独特的外观和文化符号意义却赋予了建筑更深层次的内涵和情感共鸣。这种结合传统木构件的建筑不仅具有实用性，更融合了传统文化的精髓，展现了中国古建筑的独特魅力。

第三，在现代建筑设计中，传统木构件的运用还能够引发人们对文化认同和身份认同的思考与共鸣。这些传统构件承载着丰富的历史文化和民族精神，通过建筑的呈现，能够唤起人们对过往时光和历史文化的回忆与思考。例如，在传统中式木构建筑的室内空间中，结构的明露被视为一种审美和文化表达，展现出木构件独特的美学魅力。这种传统文化的表达不仅加深了人们对传统文化的认同，也丰富了现代建筑的文化内涵，为建筑赋予了更加丰富的历史底蕴和人文情怀。

2. 在室内空间的打造上，中式陈设可以作为传统的指示性符号

在室内空间设计中，中式陈设作为传统的指示性符号发挥着重要的作用。通过在房间内摆放字画、瓷器、扇子、茶具等具有中国传统文化特色的物品，

设计师可以直接向人们展示中国传统文化的魅力和精髓，从而塑造出具有浓厚传统氛围的室内环境。

第一，中式陈设在室内空间中的运用不仅是对传统文化的呈现，更是对传统价值观念和审美情趣的传承与表达。字画作为中国传统文化的代表，常常以中国绘画艺术的形式呈现，具有独特的艺术魅力和审美意境。在室内布置字画，不仅可以美化空间，更能够为人们营造出一种雅致和文化氛围。而瓷器则是中国传统工艺的杰作，其精湛的制作工艺和独特的装饰风格展现了中国古代文明的瑰宝，摆放在室内不仅可以提升空间的品质，还能够让人们感受到传统工艺的魅力与神韵。扇子、茶具等也是中国传统文化的重要代表，它们不仅具有实用功能，更承载着中国人的生活情趣和审美追求，将其作为室内陈设，不仅可以营造出古典优雅的氛围，还能够让人们领略到中国传统文化的深厚内涵和情感体验。

第二，中式陈设的运用可以带来人们对传统文化的认同感和情感共鸣。在现代社会，随着全球化进程的加速，人们对传统文化的认同和传承显得尤为重要。通过在室内空间中设置具有中国传统特色的陈设，设计师可以唤起人们对传统文化的情感共鸣和认同感，让人们在品味中感受到文化的魅力和底蕴。这种文化认同和情感共鸣有助于加深人们对传统文化的理解和感悟，推动传统文化的传承与弘扬。

第三，中式陈设的运用也是对现代生活方式和审美观念的一种回应与挑战。在当今社会，人们对生活品质和审美追求越来越高，传统文化作为一种独特的生活方式和审美理念，正逐渐受到人们的关注和喜爱。通过在现代室内空间中加入中式陈设，设计师不仅可以满足人们对美好生活的向往，更能够为现代生活注入更多的文化底蕴和情感温度，为人们营造出一种既具有现代气息又不失传统韵味的生活空间。

3. 图案作为指示性符号

图案作为指示性符号在建筑与室内设计中具有重要的作用，它们不仅是装饰性的元素，更是传达信息、引导视线、营造氛围的重要工具。特别是在传统文化中，图案承载着丰富的象征意义和文化内涵。通过图案的运用，设计师可以引导人们对建筑或室内空间的认知和情感体验。

第一，图案作为指示性符号可以用来传达信息和引导视线。在建筑立面或室内墙面的装饰中，图案的设计和布局可以起到引导人们视线流动的作用，使人们在观看建筑或室内空间时更加自然地关注到重要的部分或区域。例如，在中国传统建筑中常见的"通天壁画"图案，通过画面的设计和布置，可以引导人们的视线向上延伸，产生一种通天达地的感觉，增强建筑的气势和庄重感。

第二，图案作为指示性符号还可以营造氛围和情感体验。不同的图案具有不同的象征意义和情感寓意，在建筑或室内设计中选用适合的图案可以营造出特定的氛围和情感体验。例如，在中式传统建筑或室内装饰中常见的云纹、莲花、龙凤等图案，代表着吉祥、祥和和权势等象征意义。通过这些图案的装饰，可以为空间营造出祥和祝福的氛围，让人们在其中感受到安宁与美好。

第三，图案作为指示性符号还可以表达文化内涵和身份认同。不同文化中的图案具有独特的风格和意义。通过选择与特定文化相关联的图案，设计师可以向人们展示特定文化的魅力和独特之处，从而增强人们对该文化的认同感和身份认同。

（二）新中式建筑与室内设计中的图像性符号

在新中式建筑与室内设计中，图像性符号的运用扮演着重要的角色。根据皮尔斯的符号学分类，图像性符号是指能指与所指之间表现出一种性质的共同性的符号，它通过图像的表达方式传达内部的意义，加深了符号的含义。相较于直接展现中式传统的指示性符号，图像性符号更多地采用间接的方式，通过转换功能、形态或元素提取等手段来重新表达传统元素，并结合新技术、新审美、新手段进行解读和演绎。

第一，新中式建筑与室内设计通过对传统元素的转换和提取，实现了对传统的重新表达。例如，苏州博物馆采用了几何形态的抽取与简化，去除了曲线和复杂的装饰纹样，对传统苏州园林的形体元素进行了提取，以简洁、几何的方式呈现出来。这种重新表达的方式不仅保留了传统元素的精髓，还赋予了建筑新的现代感和艺术价值。

第二，新中式建筑与室内设计在运用传统元素时注重结合当代审美和文化背景。例如，隈研吾设计的木桥博物馆虽然是日本建筑，但其运用的木构结构与中国的文化背景相契合。通过重新组织整理的方式运用到室内的空间中，融合了中式建筑的传统元素与现代审美，形成了独特的建筑风格和氛围。

第三，新中式建筑与室内设计还通过对传统元素的重新演绎和创新，实现了对传统文化的传承与发展。设计师运用新技术和手段对传统元素进行重新诠释和延伸，使之与当代社会和人们的生活方式相契合。例如，在室内设计中，通过对传统家具的改良和创新，使之更具现代感和实用性，同时又保留了传统文化的精髓，实现了对传统文化的传承和创新。

（三）中国传统建筑与室内空间中的象征性符号

皮尔斯的符号学分类中的象征性符号表示：能指与所指之间没有必然的联系，完全是一种规则或社会约定俗成的惯例。在我国的历史文化积淀中，有一种具有特色的文化寓意现象，就是吉祥观念和祥瑞文化，这个观念在传统室内空间中体现颇多，分别体现在我国的民间艺术和皇家艺术中。

与皇家艺术有所不同，民间艺术是一种劳动者创造出来的艺术，其表达的主要内容为民间生活，千百年来，形成了富有淳朴精神的美术形式，其图案寄托了劳动人民的审美观念、装饰欲望和美好祝愿。民间美术作为艺术的根源，往往将"富贵吉祥"的美好寓意作为创作的出发点，如我国的回纹标志（如图7-1）。回纹来源于古代青铜器和陶器上的雷纹。明代家具在结构和造型上的艺术化，充分地展示出了简洁、明快、质朴的艺术风格。正是因为明代家具的这种典型风格，使得回纹纹样在明代家具上得到了传承和发展，回纹纹样的艺术构成形式符合了那个时代的艺术需求。更为巧合的是，回纹纹样的造型完全符合科学的力学原理，所以在明代家具中我们可以看到直接以回纹纹样为造型的一系列家具式样，同时也能看到回纹被用做家具的边饰以点缀整体的造型效果，或者以连续、环绕的带状进行装饰并且分割空间（见图7-2）。回纹的图案也具有良好的装饰性和民族代表性，因其几何特性，也可以很好地运用到现代设计之中。

图 7-1　春秋时期回纹玉器

图 7-2　明代回纹家具

　　关于吉祥如意的文化，在我国古代的居室中也有所体现。中国古代家具的平面布局与建筑的布局方式有着连带关系，受到中国古代建筑平面布局的影响，逐渐形成了中堂一桌二椅的空间布局形式。即中间一张八仙桌，左右各摆放一把扶手椅，民间称"太师椅"，是我国民俗文化在室内空间中的体现，在江南地区传统民居中至今还有延续这种家具的摆放方式（见图 7-3）。

图 7-3　"终身平静"陈设格局图

在装饰上，很多寓意都来自象声的图像转化上。例如，雕刻柿子和如意表达 "事事如意"，用蝙蝠的图案代表 "福"，乌龟仙鹤代表长寿，松树代表万古长青，梅、兰、竹、菊代表傲然的品格等。用图案与纹样的方式表达在家居上，是我国文化的体现，表达了人们美好的祝愿。

古代中国的祥瑞文化是一种深受皇家和贵族重视的文化体系，经过宋、元、明、清几代的发展，逐渐形成了具有中国特色的艺术形式，这些祥瑞图案和符号常常以艺术的形式出现在建筑和室内木构的纹样中，成为中国古代建筑和家具装饰的重要组成部分。在中国传统文化中，象征等级和威严的龙纹是一种典型的特色。龙被视为天子的象征，代表着皇权和至高无上的地位。因此，龙纹常常出现在皇家和贵族的建筑、家具以及服饰中。龙的形象不仅在中国古代文化中具有重要地位，也对后世产生了深远的影响，成为中国文化中不可或缺的重要元素之一。

在唐代，祥瑞图案被分为五等，其中最高级的是佳瑞，包括了麒麟、凤凰、龙、乌龟、白虎等五种祥瑞图案。这些图案不仅在建筑装饰中广泛应用，也出现在家具、陶瓷、织锦等艺术品中，成为中国传统文化中的重要符号和象征（见图 7-4）。

图 7-4　紫檀雕龙戏珠弓箱细部

因此，在我国古代雕刻的猛兽等都柔和、亲切，因为是吉祥的体现。其他祥瑞图案还包括以自然现象为描述对象，包括山水纹、日月星辰纹、风景纹等。还包括各种动物、飞禽、草木。这些传达祥瑞文化的动物、植物、天气现象所形成的纹样，成为中国美学的特色。

总体来讲，我国的装饰纹样都是象征符号，讲究以"形"来代表美好的寓意，是我国文化在建筑和室内空间中的一大体现。对于寓意的观点，它表达了我国古代人民的美好祝愿，这种主观向好的情绪，是我们传统文化的体现。

第八章　贵州住宅建筑的赏析与演变

第一节　贵州住宅建筑特点

一、贵州地域特色对住宅建筑风格的影响

（一）多民族聚居的地域特色

1.民族聚居地区的建筑形式

在贵州地区，多民族聚居的地域特点导致了建筑形式的多样性和区域性特色。尤其是在靠近云南、四川地区的地方，人们修建的房屋往往呈现出与四川民居相似的木结构特点。然而，贵州的民居建筑在一些方面也具有独特之处，这种独特性既受到地理环境的影响，也受到当地民族文化和习俗的影响。

第一，贵州地区的地理环境对建筑形式产生了重要影响。作为山地和丘陵地区，贵州的地形起伏较大，土地多为丘陵和高山。因此，人们在选择建筑形式时必须考虑到地形地貌的特点。为了适应山地环境，贵州的民居建筑往往采用了平缓的房檐前高后低的设计，以减少对地形的破坏，并且更好地抵御风雨侵袭。此外，贵州民居的房门常常开在左侧靠后，这一设计不仅符合风水习俗，还可以提供更好的安全和隐私保护（见图 8-1）。

图 8-1 贵州古民居

第二，贵州地区多民族的聚居特点也为建筑形式的多样性提供了土壤。贵州是一个多民族的省份，不同民族在建筑形式上有着各自的传统和特色。例如，苗族吊脚楼不仅仅是依山而建，它还可以依水而修。贵州黔东南、黔西南等地区，就可以看到前面是依水后面是靠山的房屋建筑。富有灵气的吊脚楼就这么呈现在青山绿水间，为配合居住使用，阳台正对的中堂作为客厅接待客人使用（见图 8-2）。布依族的祖辈都生活在水边，于是就有了水乡布依的美称（见图 8-3）。这个民族喜欢聚居，大型聚居环境可达到数百户，村寨之间往往是出自同姓或者同家。过去是几世同堂，如今慢慢发展为布依族男子成年之后另盖新居。在建筑上有双斜面顶草房和瓦房，也有平房。不过在建筑内部都会设置火塘用来烤火。来到贵州除了看黄果树瀑布的风景，还可以看距离它不远处的石头寨建筑风情。这里的建筑主体都是由石头搭建的，不同规则的石头经过打磨加工组合在一起。相比于木材结构，石头的造价便宜还能够预防火灾。在自然环境的影响下，石头寨的桥、房屋、路和生活工具基本上都是以石头作为材料的，村里的居民也将石匠的手艺代代相传（见图 8-4）。

这些不同民族的建筑形式相互融合，形成了贵州地区丰富多彩的建筑景观。

图 8-2　苗族的民居

图 8-3　布依族民居

图 8-4　石头寨民居

第三，贵州的民居建筑还受到当地气候和生活习惯的影响，体现了人们对自然环境的适应和利用。例如，贵州地区的民居建筑往往采用架空而楼居的居住模式，以解决防潮、通风和虫害等问题，同时充分利用有限的土地资源。在冬天，贵州山区的村民常常围坐在地灶边烤土豆、烤红薯，享受一年中难得的清闲，这种生活方式也影响了建筑形式的设计和布局。

2. 多民族文化融合的建筑格局

贵州作为一个多民族的省份，以其丰富多彩的文化景观而闻名于世。在建筑风格上，贵州展现了多民族文化融合的独特魅力，其中典型的穿斗结构及吊脚楼形式是其一大特色。

第一，贵州地区的民居建筑往往采用穿斗结构和吊脚楼形式，这种结构在当地地理和气候条件下具有独特的优势。这种建筑结构一般为三层，底层用于喂养牲口，二层为人居住区，三层用于粮食及杂物存放。每家都有一个能够眺望外景的大阳台，成为家庭的中心。这种结构设计不仅满足了生活和生产的需要，还反映了当地民族对于家庭、社会关系的特殊理解和认知。大阳台作为家庭聚会和社交活动的场所，承载着人们的情感交流和文化传承，成为多民族文化的有机体现。

第二，贵州地区的民居建筑融合了多民族的建筑风格和文化元素。在贵州，苗族的吊脚楼、侗族的风雨桥、布依族的木结构建筑等，各具特色且相互融合，形成了独具特色的建筑风格。这种多民族文化的融合不仅体现在建筑形式上，还表现在建筑装饰、图案雕刻等方面，丰富了建筑的艺术内涵，增添了文化的厚重感和历史的深度感。

第三，贵州地区的民居建筑还受到当地气候和自然环境的影响，体现了人们对自然的敬畏和适应。在山区，民居建筑往往建造在山脊上，利用地形起伏差异形成高低错落的层次变化，勾勒出优美的天际线。建筑布局依地形高低差错落有致，形成了连续而完整的整体空间。这种建筑格局不仅有效利用了有限的土地资源，还与自然环境融为一体，展现出了人与自然和谐共生的理念。

3. 地势地形对建筑的影响

贵州的地势地形对当地建筑的布局、结构和风格产生了深远的影响，塑造了贵州独特的建筑景观和地域特色。

第一，贵州地势西高东低，多山多水，地形起伏较大。这种地势地形使得贵州的建筑多建在山地和丘陵地带，建筑布局依地形高低差产生高低错落的层次变化，呈现出独特的山地特色。建筑之间因地势陡峭，密度相对较大，阳台几乎面对面，仅隔一条小路。这种布局不仅充分利用了有限的土地资源，还体现了山区人们对于生活空间的灵活利用和社交交往的需求。

第二，贵州的建筑多建在山脊上，道路坎坷不平，建筑依地形起伏错落有致。这种地形特点要求建筑在设计和施工时要充分考虑地基稳固性和防止滑坡等自然灾害的因素。因此，贵州的建筑往往采用了坚固耐用的建筑材料和结构形式，如石头、木材等，以确保建筑的稳固性和安全性。同时，建筑的形态和外观也受地形的影响，呈现出与地形相适应的风格，如屋顶的倾斜度和结构的稳固性等方面都体现了对地形的适应性。

第三，贵州地势西高东低的特点也影响了当地建筑的风格和外观。建筑依地形高低差产生高低错落的层次变化，勾勒出优美的天际轮廓线。这种特殊的地形美学使得贵州的建筑在外观上呈现出独特的风貌，与周围的自然环境相融合，增添了建筑的艺术价值和观赏性。

（二）传统与现代的融合发展

1. 传统建筑形式的保留与更新

随着现代社会的发展和城市化进程的推进，贵州的传统村落和建筑形式面临着前所未有的挑战和改变。然而，人们对于传统文化的重新认识和重视，以及对于地方特色和历史文化的保护，使得传统建筑形式在当代社会中得到了保留和更新的机会。

第一，贵州传统建筑形式的保留是对当地历史文化和民族传统的尊重和延续。传统的穿斗结构及吊脚楼形式是贵州地区建筑的典型特征，反映了当地人民对于山地环境和气候条件的适应和智慧。这些传统建筑形式不仅是历史的见证，更是当地文化的象征和精髓。因此，在城市化进程中，人们越来越意识到传统建筑的珍贵性，积极采取措施进行保护和传承，以确保这些珍贵的文化遗产能够延续下去。

第二，传统建筑形式在保留的基础上也进行了更新和改良，以适应现代社会的需求和发展。建筑的三层结构、大阳台等传统元素得以保留，同时融入了现代建筑技术和设计理念，使得传统建筑焕发出新的生机和活力。例如，通过加强建筑的结构设计和防灾能力，提高建筑的居住舒适性和环境友好性，使得传统建筑更具有现代化的特点和功能。同时，传统建筑也在装饰和布局上进行了创新和变革，更加符合当代人们的审美需求和生活方式。

第三，传统建筑形式的保留和更新不仅是对历史文化的传承和发展，也是对地方特色和民族精神的传播和弘扬。贵州的传统建筑形式不仅是当地人民的居住场所，更是文化的符号和精神的象征。通过保留和更新传统建筑形式，可以增强当地居民对于自身文化身份的认同和自豪感，促进地方文化的繁荣和传播。

2. 地域文化特色的传承与创新

贵州地区传统建筑形式的传承与创新体现了地域文化特色的丰富多彩。在保留传统建筑形式的基础上，贵州的建筑文化也不断融合创新，呈现出新的发展趋势和特色。特别是在地势陡峭、地形多变的地区，一些独特的建筑设计布局得以展现，体现了地域文化特色的传承与创新。

一种典型的建筑形式是石板房，这种房屋采用了独特的建筑材料和构造方式，充分展现了贵州地区特有的地域文化风貌。石板房以石为基、石砌墙、石板盖顶，几乎所有的建筑材料都来自当地的自然资源，体现了贵州人对于自然环境的依赖和尊重。这种传统建筑形式不仅在结构上坚固耐用，而且在审美上也具有独特的韵味和品味，体现了当地人民勤劳朴实的品质和对自然环境的适应能力。

此外，传统建筑形式的创新也体现在建筑的功能性和实用性上。在贵州地区，由于地势起伏较大，建筑设计需要考虑到地形的影响，因此在建筑的布局和结构上进行了创新和改良。例如，一些建筑会根据地形高低差产生错落的层次变化，以适应地形起伏的特点，并通过加强建筑的结构设计和防灾能力，提高建筑的居住舒适性和环境友好性。

在当代社会，随着经济的发展和科技的进步，贵州地区的传统建筑形式也面临着新的挑战和机遇。传统建筑形式的传承与创新不仅是对历史文化的保护和传承，更是对地域文化特色的弘扬和发展。只有在保护传统文化的基础上进行创新和发展，贵州地区的传统建筑才能与时俱进，焕发出新的生机和活力，为地方社会经济的发展和文化繁荣作出更大的贡献。

3.传统与现代技术的结合

在贵州地区，传统建筑形式与现代技术的结合是一项富有挑战性和前景的工作。这种结合既要尊重和传承传统文化，又要适应当代社会的发展需求和科技进步的要求，因此需要探索出一条既能保持传统风貌又能体现现代特色的道路。

第一，数字化设计技术为传统建筑的保留与更新提供了新的可能性。通过数字化技术，设计师可以对传统建筑元素进行精细化的设计和定制，实现传统图案、装饰等元素在建筑中的精准应用。例如，传统的砖雕、木雕等装饰元素可以通过数字化设计进行精细制作，使其在建筑中的呈现更加精致和个性化。这种数字化设计不仅提高了建筑装饰的品质，也使得传统文化得以在现代建筑中焕发新的生机。

第二，现代材料和工艺的应用为传统建筑注入了新的活力。随着科技的发展，建筑材料和施工工艺也在不断创新和进步。传统的木质结构在现代建筑中得以更新和发展。通过现代加工工艺实现更大跨度和更复杂的结构形式，同时保留木质材料的自然质感和温暖感。例如，传统的木结构可以通过现代的预制技术进行加工，使其具备更高的抗震性能和耐久性，同时也提高了建筑的施工效率和质量。

（三）地域特色与社会发展的互动

1.地域特色对社会关系的影响

贵州地区的地域特色不仅在建筑形式上表现出独特性，同时也对当地的社会关系产生着深远的影响。这种影响主要体现在人们的生活方式、社区互动以及社会联系等方面。

第一，贵州地区传统的多户建筑布局为当地社会关系提供了特殊的背景。在这种布局下，多个家庭共同居住在一个建筑群内，相邻而居、互相依存。这种居住方式不仅促进了邻里之间的密切联系，也培养了人们之间的互助精神和共同体意识。邻里之间经常互相帮助，共同承担家庭和社区事务，形成了紧密的社会网络和良好的社会支持系统。因此，贵州地区的社会关系往往更加和谐、亲密和稳固。

第二，贵州地区建筑布局的连续性和完整性也对社会关系的发展起到了积极的促进作用。由于建筑之间的空间连续，社区居民之间的交流更为方便和频繁。人们在日常生活中常常相互往来，共同利用社区资源，形成了紧密的社区联系。这种社区联系不仅有利于信息的传递和资源的共享，也为社区居民提供了更多的社交机会和交流平台，促进了社会关系的密切与和谐。

第三，贵州地区的地域特色也促进了不同社区之间的互动与合作。由于地形的起伏和地势的陡峭，不同社区之间往往相对独立而又相互依存。在面对共同的挑战和问题时，各社区之间会积极展开合作，共同寻求解决方案。这种跨社区的合作关系不仅有利于共同问题的解决，也增进了社区之间的友好往来和互惠互利的关系，进一步促进了社会的发展与进步。

2. 地域特色与现代社会的融合

贵州地区的地域特色正在与现代社会相融合，这一过程不仅在建筑形式上体现，还涉及文化传承、旅游业发展等多个方面。随着社会的发展和经济的进步，贵州地区传统建筑形式的保留与更新成了一个重要的话题。

第一，传统建筑形式的保留与更新使得当地人民能够继承和传承对传统文化的热爱。贵州地区的传统建筑代表着当地丰富的历史文化和民族传统，是贵州地区文化的重要组成部分。通过保留和更新传统建筑形式，当地居民能够深入了解和感受到自己民族的传统文化，增强了对文化传承的自豪感和责任感。这种对传统文化的保护和传承，有助于维护当地的文化多样性和民族认同感，促进了社会的凝聚力和稳定性。

第二，传统建筑形式的保留与更新也为当地的旅游业发展带来了新的机遇。贵州地区的传统建筑以其独特的风格和丰富的文化内涵，成为当地文化旅游的重要景点和资源。越来越多的游客前来贵州地区观光、体验传统建筑文化，推动了当地旅游业的发展和繁荣。传统建筑的保护和利用不仅提升了当地旅游业的知名度和竞争力，还为当地居民提供了更多的就业机会和经济收益，促进了当地经济的发展和社会的进步。

3. 地域特色与城乡发展的协调

贵州地区的地域特色在城乡发展中扮演着重要的角色，传统建筑形式的保留与更新是其中的关键因素。在城市化进程中，传统建筑不仅为城市增添了独特的文化底蕴和人文气息，同时也成为城市规划和建设的重要内容，促进了城乡间的文化交流与融合，实现了城乡发展的协调与平衡。

第一，传统建筑形式的保留与更新丰富了城市的文化底蕴和人文气息。贵州地区的传统建筑代表了当地丰富的历史文化和民族传统，是城市文化的重要组成部分。通过保留和更新传统建筑形式，城市得以保留和弘扬自己的传统文化，塑造了独特的城市形象和城市品牌。这不仅有助于提升城市的文化软实力，还为城市的可持续发展奠定了坚实的文化基础。

第二，传统建筑的保护和利用成为城市规划和建设的重要内容。在城市化进程中，贵州地区的传统建筑不仅是历史文化的见证，也是城市发展的重要资源。政府部门在城市规划和建设中加大了对传统建筑的保护力度，将传统建筑纳入城市保护范围，并制定了相关政策和措施加以保护和利用。通过修缮、改造和利用传统建筑，不仅可以提升城市的文化品位和品质，还可以带动周边地区的经济发展，促进城乡共同繁荣。

第三，传统建筑的保护与更新促进了城乡间的文化交流与融合。在城市化进程中，城市与乡村之间的文化联系愈加密切，传统建筑作为文化传承的载体扮演着桥梁的角色。城市中的传统建筑吸引了大量游客和文化爱好者前来参观体验，促进了城乡间的文化交流与互动。同时，城市的现代文明也影响和激发了乡村的发展，推动了乡村的文化更新和发展，实现了城乡文化的相互促进和共同繁荣。

二、贵州传统建筑的独特风貌与特征

（一）建筑分布特征

1."大杂居、小聚居"的建筑布局

"大杂居、小聚居"的建筑布局是贵州民居的独特特征，蕴含着丰富的地域文化内涵和社会意义。这一布局方式反映了贵州地区多元文化的融合与共生，同时也展现了当地人民对家族和社区的情感认同与凝聚力。

第一，"大杂居"的特点体现了不同民族文化的包容与融合。在贵州的山区和乡村地区，不同民族的建筑风格相互交融，形成了多样化的建筑景观。这种大杂居的布局方式使得不同民族居民在同一地区共同生活、共同劳作，增进了彼此之间的交流与理解。通过建筑的交融与融合，不同民族的传统文化得以相互借鉴、共同发展，形成了丰富多彩的地域文化景观。

第二,"小聚居"体现了人们对家族和社群的归属感和凝聚力。在贵州的村落和乡镇,人们倾向于在家族或社群集中聚居,形成了紧密的社区关系和相互帮助的生活模式。这种小聚居的布局方式使得家族成员之间的联系更加密切,有利于家族传统和文化的传承,也有助于社区内部的团结和稳定。同时,小聚居也为社区提供了更加便利的公共服务和社交活动场所,促进了社区的发展和繁荣。

2. 架空而楼居的居住模式

贵州地区的地形地貌复杂,以丘陵和高山为主,地势起伏明显,山地交错,谷地密布。在这样的地理环境下,人们创造了适应山地环境的独特居住模式——架空而楼居的居住方式。这种建筑形式在贵州地区广泛存在,成为当地人民生活的重要组成部分。

第一,架空而楼居的居住模式是为了解决贵州地区特有的防潮、通风和山地虫害等问题。由于地势起伏,地表容易积水,而地下潮湿的环境容易滋生细菌和霉菌,对人们的健康构成威胁。架空而楼居的设计可以有效地提高建筑物与地表的距离,避免受到地面潮湿和虫害的影响,保障居民的居住环境卫生与安全。同时,通过合理的通风设计,还能够增加室内的空气流通,提高居住舒适度。

第二,架空而楼居的居住模式能够充分利用有限的土地资源。贵州地区地形复杂,平坦的土地较为稀缺,而丘陵和山地占据了大部分土地面积。在这种情况下,架空而楼居的设计可以通过立柱或悬挑的方式,将建筑物悬空在地面之上,实现了对土地的有效利用。这种居住模式不仅可以在有限的土地上建设更多的居住空间,还可以为农业、畜牧等生产活动留出更多的耕地和牧场,有利于提高土地资源的利用效率。

第三,架空而楼居的居住模式具有布局灵活性和适应性强的特点。由于地形的不规则性和地势的起伏,贵州地区的居住建筑往往需要根据具体的地形条件进行设计和布局。架空而楼居的设计可以根据地势高低和坡度情况,灵活调整建筑的高度和结构,使之与周围的地形相协调,适应不同地形条件的要求。这种设计灵活性使得架空而楼居的居住模式在贵州地区得到了广泛应用,并且成为当地建筑的重要特征之一。

（二）建筑材料与结构特征

1.使用当地自然资源的建筑材料

贵州民居的建筑材料主要来源于当地的自然资源，如竹子、石板、木材等。这些材料具有独特的地域特色，与周围的环境相协调，使建筑更具有自然的美感和生态的氛围。例如，竹子作为贵州地区常见的建筑材料，不仅具有轻巧、柔韧的特点，还能够有效地调节室内温湿度，使居住环境更加舒适。

2.融合多民族文化的建筑风格

贵州地区是多民族聚居的地区，各民族的建筑风格在贵州的建筑中得到了充分地体现。例如，苗族的吊脚楼、侗族的风雨桥、布依族的木结构建筑等，都展现了各民族独特的建筑风格和文化特色。这种多民族文化的融合不仅丰富了贵州的建筑形态，也反映了当地人民的文化传承和包容精神。

（三）建筑与环境的融合特征

1.自然环境与建筑的融合

贵州地区的建筑与周围的自然环境融为一体，充分利用了地形地貌和气候条件，使建筑更具有环境适应性和地域特色。例如，建筑采用架空而楼居的居住模式，能够有效地解决防潮、通风和虫害等问题，同时与周围的山水相互呼应，形成了独特的建筑景观。

2.人文景观与社会文化的体现

贵州民居不仅是建筑形式，更是人文景观和社会文化的体现。建筑的布局、结构和装饰都蕴含着丰富的文化内涵和历史记忆，反映了当地人民的生活方式、价值观念和社会关系。通过建筑，人们能够感受到贵州地区丰富多彩的民族文化和人文风情，增进了人们对地域特色的认同和情感共鸣。

第二节　传统贵州建筑的设计原则

一、现代住宅建筑设计的标准

现代住宅建筑设计标准通常涵盖了功能性、结构性，以及美学层面的要求。设计师需综合考虑建筑的实用性、耐久性和美观性，以确保建筑能够满足现代生活的需求，同时兼顾建筑的安全性和审美价值。这些标准为现代住宅建筑设计奠定了基础，为进一步探讨贵州传统建筑设计原则提供了对比和参考。

二、现代住宅建筑设计的一般原则

（一）实用、坚固、美观

住宅建筑设计的一般原则是实用、坚固、美观。古罗马时期的建筑学家曾提出，住宅建筑设计的基本要求包括实用、坚固、美观。在这个大原则下，建筑不论是宗教祭祀、公用性还是纪念性，首要考虑的是实用性。同时，建筑必须具备足够的坚固性，能够经受住外部环境的考验。美观性则是建筑的附加价值，是对人们审美需求的满足。

（二）空间的三维立体性

建筑的独特之处在于其三维立体的空间，这种空间不仅能够包容人们的活动，还能够为人们提供舒适的生活环境。因此，现代住宅建筑设计不仅要注重平面布局的合理性，还要重视立体空间的塑造，使其能够满足人们对空间的需求。

（三）建筑的稳固性

住宅建筑的稳固性是人们对建筑的基本要求之一。在历史上，人们常常将房屋的稳固性与生命安全联系在一起。因此，在住宅建筑设计中，必须考虑到建筑材料的选择、结构的合理性以及施工的质量，以确保建筑的稳固性和安全性。

三、贵州传统建筑的结构与形式特点分析

（一）山地地形的影响

1.坡屋顶和悬挑结构

贵州地区的山地地形对传统建筑的结构和形式产生了深远的影响，其中坡屋顶和悬挑结构作为两个重要特征，在建筑设计中扮演着关键的角色。这些特征不仅反映了对地形环境的适应性，更体现了古代建筑智慧和工程技术的精湛应用。

（1）坡屋顶的功能与优势

坡屋顶作为贵州传统建筑的常见特征之一，具有以下功能与优势：

①排水功能：由于贵州地区降雨较多，采用坡屋顶可以更好地排水，避免雨水积聚，减少房屋受潮的风险。坡屋顶的倾斜度设计合理，使得雨水迅速流下，有效保护建筑结构。

②防止雪灾：贵州部分地区会出现雪灾，坡屋顶的设计可以减少积雪对建筑的影响，防止积雪压垮屋顶，确保建筑安全。

③增加屋顶空间利用：坡屋顶的设计可以提高屋顶空间的利用效率，如在屋顶上安装太阳能板、收集雨水等，提高建筑的可持续性。

④美观与风格特色：坡屋顶造型简洁大方，具有独特的美学魅力，与周围自然环境融合，为建筑增添了独特的风格特色。

（2）悬挑结构的重要性与优势

悬挑结构作为贵州传统建筑的另一重要特征，具有以下重要性与优势：

①平衡建筑重量：贵州地区地形复杂，采用悬挑结构可以更好地平衡建筑的重量分布。悬挑结构使得建筑的重心更靠近地面，增加了建筑的稳定性和安全性，有效降低了地质灾害风险。

②节省空间：悬挑结构可以有效地利用空间，特别适合山地地形。通过悬挑结构，可以在不扩大建筑占地面积的情况下增加建筑的使用面积，满足居住和功能需求。

③优化采光与通风：悬挑结构可以灵活设计，通过控制悬挑部分的大小和角度，实现对采光和通风的优化。合理设计的悬挑结构可以在保证采光和通风的情况下，有效阻挡阳光直射，降低室内温度，提高舒适度。

④增强建筑美学：悬挑结构的设计可以为建筑增添动态感和立体感，使建筑更具有雕塑感和美学价值。悬挑部分的设计可以根据建筑整体风格和环境特点进行个性化设计，呈现出丰富多彩的建筑形态。

2.地形变化的布局考虑

贵州地区地势起伏较大，山地地形的变化对传统建筑的布局产生了重要影响。建筑师们在设计建筑布局时，通常会充分考虑地形的起伏和变化，采取相应的布局策略，以实现建筑与周围环境的和谐统一。

（1）错落有致的布局

贵州传统建筑的布局常常采取错落有致的方式，即根据地形的起伏和变化，合理安排建筑的位置和空间关系。这种布局方式使得建筑群之间形成了错落有致的景观，既保留了自然地形的特点，又使建筑群整体呈现出和谐的美感。

（2）充分利用山地地形

在贵州的山地地形中，建筑师们通常会充分利用地形特点，将建筑巧妙地融入自然环境之中。例如，可以利用山脊线和山谷的地形特点，设计建筑的布局，使建筑与山势相得益彰，形成一种与自然环境相融合的美学效果。

（3）实现建筑与环境的和谐统一

通过考虑地形变化，建筑师们可以实现建筑与周围环境的和谐统一。建筑的布局不仅要符合地形的起伏和变化，还要考虑到建筑与周围自然景观的相互关系，使建筑与环境相互呼应，形成一种统一的空间氛围和景观效果。

（4）增添独特的景观价值

地形变化对建筑布局的考虑不仅是为了适应地形环境，更重要的是为了增添建筑的独特景观价值。通过合理的布局设计，可以使建筑在山地地形中显得更加具有立体感和层次感，为周围环境增添一道美丽的风景线。

（二）多民族文化的融合

1.独具地域特色的建筑风格

贵州地区作为中国西南地区的一个重要文化聚焦点，其传统建筑风格呈现了独具地域特色的魅力，反映了多民族文化的丰富内涵和交融融合。在这片多元文化的土地上，苗族、侗族、布依族、汉族等多个民族的传统建筑风格相互影响、交融融合，形成了独特而丰富的地域建筑风貌。

（1）苗族建筑风格

苗族是贵州地区的重要民族之一，其建筑风格以吊脚楼为代表。吊脚楼是苗族传统建筑的瑰宝，它通常建造在山坡上，采用木结构，楼下用于养畜居住，楼上用于居住和储存粮食。吊脚楼的外观独特，楼下悬挑于空中，形成了独特的吊脚风格，既能有效利用山地资源，又具有安全防御和隐私保护功能。吊脚楼的建造工艺精湛，楼体结构稳固，为苗族人民提供了安全舒适的居住环境，同时也展示了苗族人民对自然的智慧和敬畏。

（2）侗族建筑风格

侗族是贵州地区的另一重要民族，其建筑风格以风雨桥为代表。风雨桥是侗族传统建筑的杰作，它是由木材搭建而成的桥梁，具有独特的风雨廊式结构。风雨桥不仅是交通的便利设施，更是侗族文化的象征和精神家园。风雨桥的建造融合了侗族人民对自然的感悟和生活智慧，桥上常常雕刻着精美的图案和文化符号，展示了侗族文化的独特魅力。

（3）布依族建筑风格

布依族是贵州地区的又一重要民族，其建筑风格以木结构建筑为主。布依族的传统建筑常采用木材和竹子搭建，简洁而实用。布依族建筑的特点是简朴而富有韵味，注重与自然的和谐共生。布依族人民通常居住在环境优美的山谷中，他们的建筑常常融合了自然的元素，如山石、溪流等，与周围的自然景观浑然一体，展现了布依族人民对自然的敬畏和崇尚。

（4）汉族传统建筑风格

作为中国的主体民族之一，汉族传统建筑在贵州地区也有着独特的表现。汉族传统建筑注重结构的稳固和布局的合理，常采用青砖灰瓦，飞檐翘角，层次分明。汉族传统建筑在贵州地区常常融合了当地的地形地貌和民族文化元素，形成了具有地方特色和文化内涵的建筑风格。

2. 加深了社会交流与了解

贵州传统建筑的多民族文化融合不仅是建筑风格的交流和融合，更是对不同民族之间社会交流与了解的深化和促进。这种融合的文化背景孕育着民族之间的友谊、互助与共生，为地区的社会和谐与稳定提供了坚实的文化基础。

第一，通过建筑风格的融合，不同民族之间的社会交流得以增进。传统建筑的建造常常需要各族人民的共同劳动与合作，从建筑材料的选取到工艺技术的传承，都需要不同民族之间的协作与交流。在这个过程中，民族之间的文化交流渗透于建筑的每一个细节，促进了民族之间的相互理解与认同。

第二，传统建筑作为文化的载体和象征，承载着各民族的历史、传统和文化认同，成为民族之间交流互动的桥梁。人们在欣赏、研究传统建筑的同时，也不可避免地涉及其中蕴含的丰富的民族文化内涵。这种交流不仅促进了民族之间的交往，也拓展了人们对于不同文化的认知，增进了对多元文化的尊重和理解。

第三，传统建筑所反映的民族风情和生活方式也成了各民族之间交流的话题和媒介。人们通过欣赏传统建筑的美学价值，了解不同民族的生活习俗、宗教信仰、社会组织等方面的差异与共通之处，从而促进了跨文化的交流与对话。这种跨文化的交流不仅有助于消除误解和偏见，还能够促进民族之间的友谊与合作，为社会的和谐与发展注入新的动力。

3. 传统与现代的结合

在当代社会发展的浪潮下，贵州地区的传统建筑正在经历着与现代元素的融合与发展。传统建筑的保护与传承既是对历史文化的尊重，也是对多民族文化的传承与发展的重要举措。与此同时，现代建筑技术和设计理念的引入为传统建筑注入了新的活力和内涵，使其更好地适应了当代人们的生活需求和审美追求。

第一，传统建筑的保护与传承是对历史文化的珍视与传承。作为贵州地区丰富多彩的文化遗产之一，传统建筑承载着丰富的历史记忆和文化内涵。各种民族特色的建筑风格、精湛的建筑工艺以及蕴含其中的文化意蕴，都是贵州地区宝贵的文化财富。因此，对传统建筑的保护与传承不仅是对历史的敬畏，更是对多民族传统文化的延续和弘扬。

第二，现代建筑技术和设计理念的引入为传统建筑注入了新的活力和内涵。随着科技的进步和社会的发展，现代建筑技术不断创新，设计理念也日益丰富多样。这些现代元素的引入使得传统建筑在保持传统特色的基础上焕发出新的生机。例如，利用现代材料和技术对传统建筑进行修复和加固，使其更具耐久性和舒适性；在传统建筑的设计与装饰中融入现代元素，创造出既有传统韵味又不失现代气息的建筑作品。

第三，传统建筑与现代元素的融合也体现了对传统文化与当代生活的有机结合。在现代社会的背景下，人们对传统文化的认同与追求与对现代生活的需求与追求并不矛盾。传统建筑在与现代元素的融合中，不仅满足了人们对传统文化的情感认同，也顺应了现代人们对于生活品质和环境的要求。因此，传统建筑与现代元素的结合不仅是对传统文化的传承，也是对当代社会的回应和贡献。

（三）建筑材料的选用

1. 自然资源的充分利用

贵州传统建筑在材料选用上充分利用了当地丰富的自然资源，体现了地域特色和可持续发展的理念。竹子、石板、木材等常见的建筑材料都源自贵州地区丰富的自然资源。这些材料不仅符合地区气候和环境的特点，而且具有良好的物理特性和建筑性能，适合用于建筑的各种需要。例如，竹子作为一种轻便且坚固的材料，常用于建筑的结构和装饰；石板则常用于屋顶覆盖，具有良好的防水和耐久性；木材则常用于梁柱和地板等部位，具有良好的承重和隔热性能。

2. 传统工艺的保留与发展

贵州传统建筑所采用的材料经过世代传承的工艺加工，保留了传统建筑的特色和历史价值。传统工艺在建筑材料的加工和应用中发挥着重要作用，体现了民族智慧和劳动技艺。例如，在竹子的加工利用过程中，民间工匠采用传统的编织技艺，将竹子编织成各种结构稳固、造型美观的建筑构件；在石板的应用中，工匠们通过传统的石雕技艺，将石板雕刻成精美的花纹和图案，增添了建筑的艺术价值；而在木材的加工和雕刻中，则体现了传统木工技艺的精湛和工艺的传承。这些传统工艺的保留与发展，不仅为当地建筑增添了独特的历史和文化魅力，也为传统建筑的可持续发展提供了重要支撑。

第三节　现代化对传统贵州建筑的影响

一、城市化进程对传统建筑的拆除与改建

（一）土地利用压力导致传统建筑的拆除

1. 城市化推动土地资源的高效利用

随着城市化进程的加速，贵州地区的城市化建设需求迅速增长，土地资源面临着巨大的利用压力。传统建筑往往占据着城市中心或者历史街区的宝贵土地资源，而这些地块往往被视为开发潜力巨大的城市核心区域，因此成为开发商和政府重点关注的对象。

2. 城市扩张引发传统建筑拆除

城市的不断扩张使得传统建筑所处的区域逐渐成了城市发展的热点区域。为了满足城市发展的需要，许多传统建筑被拆除，土地资源重新规划利用，建设现代化的商业、住宅、交通等设施。

3. 城市更新项目对传统建筑的影响

许多城市启动了城市更新项目，对老旧街区和传统建筑进行改造和更新。虽然部分项目会尝试保留传统建筑的外观或者部分结构，但大多数情况下，传统建筑还是被拆除或者改建成为现代化的建筑形式，以适应城市发展的需要。

（二）现代高楼大厦的取代

1. 城市化需求驱动高楼大厦兴建

随着城市化进程的推进，现代城市对于商务、居住等功能的需求日益增长，这就需要大量的现代化建筑来满足。因此，高楼大厦成为城市化进程中的主要建筑形式，取代了传统建筑的地位。

2. 现代建筑的功能与形式优势

现代高楼大厦具有更高效的空间利用率、更先进的设施设备、更完善的安全措施等优势，能够更好地适应现代社会的生活和工作需求。相比之下，传统建筑可能在空间利用率、功能性等方面存在一定的局限性，难以满足现代人的需求。

3. 现代化形象吸引力

高楼大厦往往具有现代化的外观设计和建筑技术，给人们带来了现代、时尚、高端的形象感受，成为城市的新地标和风景线。与之相比，传统建筑可能显得古老、陈旧，难以吸引现代人的注意和喜爱。

（三）传统建筑的消失与文化遗失

1. 文化遗产的丧失

传统建筑作为贵州地区的文化遗产之一，承载着丰富的历史、文化和民族记忆。然而，随着现代化进程的推进，许多传统建筑面临着被拆除或改建的命运，导致了贵州地区传统建筑文化遗产的丧失和减少。这种丧失不仅是建筑本身的损失，更是对历史文化的贬低和削弱。传统建筑所蕴含的历史沉淀、民族精神和文化底蕴，在消失的过程中，贵州地区的文化遗产也逐渐减少，失去了宝贵的历史和文化记忆。

2. 文化认同的淡化

传统建筑不仅仅是一种建筑形式，更是民族认同和文化身份的重要象征。通过传统建筑，人们能够感受到民族文化的独特魅力和历史积淀，增强对自身传统文化的认同感和自豪感。然而，传统建筑的消失导致了民族文化认同的淡化和流失。随着越来越多的传统建筑被现代化建筑所取代，人们对于传统文化的认同感逐渐减弱，民族文化的特色和独特性也面临着被稀释和遗忘的风险。

3. 历史记忆的减少

传统建筑是贵州地区历史的见证者和载体，承载着丰富的历史记忆和人文精神。通过传统建筑，人们能够感受到历史的厚重和文化的深远。然而，传统建筑的消失意味着历史记忆的减少。随着越来越多的传统建筑消失在现代化建设的浪潮中，人们对于历史和传统的了解和认知也受到了影响。传统建筑所承载的历史故事和文化传承逐渐消失，导致历史记忆的减少和历史认知的模糊。

二、现代建筑材料与技术的应用

（一）传统建筑材料的替代

1. 现代材料的优势

现代建筑材料如水泥和钢筋等具有许多优势，使其成为传统建筑材料的替代品。首先，现代材料具有更高的强度和耐久性。水泥混凝土结构能够承受更大的荷载和振动，而钢筋的加入增强了建筑的抗拉强度，使得建筑更加稳固耐用。这些特性使得现代建筑更能够应对日常使用和自然灾害带来的挑战，提高建筑的安全性和可靠性。其次，现代材料更符合建筑设计的需要。水泥、钢筋等材料具有较高的可塑性和可加工性，可以更灵活地塑造建筑的形态和结构，实现设计师的创意想法。与此同时，现代材料的规格和尺寸更为标准化，使得建筑施工更加便捷和精准。

2. 材料性能的提升

现代建筑材料的生产工艺不断改进，其性能也在不断提升。例如，现代水泥的配方和加工工艺使得水泥混凝土更加坚固耐久，能够在各种恶劣环境下保持稳定性。同时，钢材的强度和耐腐蚀性得到了显著提高，延长了建筑的使用寿命。此外，现代玻璃材料的透明度和耐候性也得到了显著提升，使得建筑外墙更加美观且能够有效隔热，提高了建筑的节能性。这些性能提升为建筑的品质和功能提供了更好的保障，使得现代建筑能够更好地适应不断变化的环境和需求。

3. 施工效率的提高

现代建筑材料和技术的应用大大提高了施工效率，从而缩短了建筑周期，降低了施工成本。传统的手工施工方式往往需要大量的人力和时间，而现代建筑采用了机械化施工和工厂化生产的方式，使得施工过程更加高效。例如，预制混凝土构件和钢结构的使用减少了现场加工的时间，模块化设计使得组装更加快捷，极大地提高了施工的效率。这不仅减少了人力资源的浪费，还为城市建设提供了更快捷、更经济的解决方案，促进了城市化进程的顺利进行。

（二）传统手工技艺的减少

1. 现代化生产方式的兴起

随着现代化生产方式的兴起，传统手工技艺逐渐被机械化、自动化的生产方式所取代。现代生产线的高效率和低成本使得传统手工技艺在生产上显得低效和昂贵。例如，传统的砌石工艺可能需要大量的人力和时间，而现代化的砖瓦生产线可以快速生产大量砖块，成本更低，效率更高。因此，传统手工技艺的应用范围逐渐受到限制，传统建筑中所需的手工技艺也难以与现代生产线相竞争。

2. 技艺传承的困境

传统手工技艺的传承需要长期学习和实践，但现代社会的变迁和生活方式的改变使得技艺传承面临着诸多困难。年轻一代对于传统手工技艺的兴趣和接受程度逐渐降低，更倾向于选择现代化的职业和生活方式，导致传统手工技艺传承者的减少。许多老师傅技艺无人继承，传统手工技艺面临着失传的危机。此外，现代化的教育体系往往更注重理论知识和技术技能的培养，传统手工技艺的传承在教育体系中的地位逐渐下降，也加剧了技艺传承的困境。

3. 现代化生活方式的影响

现代化生活方式的改变使得人们对于传统手工技艺的需求和重视程度下降。随着科技的发展和生活水平的提高，人们更倾向于选择现代化的生活产品和装饰品，而传统手工艺品的市场需求逐渐减少。传统手工技艺的传承者面临生计压力，许多人选择放弃传统手工技艺而选择更现代化的职业和生活方式。这种现象加剧了传统手工技艺的减少和失传，使得传统建筑中所需要的手工技艺面临着更大的挑战。

（三）外观和氛围的改变

1. 建筑外观的统一化

现代建筑材料和技术的广泛应用导致了建筑外观的统一化趋势。大量采用玻璃、钢结构和混凝土等现代材料的建筑呈现出类似的外观风格，使得城市的建筑群体缺乏多样性和个性化。玻璃幕墙的广泛运用使得建筑外观更加现代化和简洁，但也削弱了建筑的区域特色和文化内涵。传统建筑所独有的木质结构、竹编织等装饰元素在现代建筑中很少见到，这种趋势导致了城市建筑外观的同质化，使得城市失去了传统建筑所具有的独特韵味和地域特色。

2. 传统文化元素的丧失

传统建筑中常见的文化元素在现代建筑中逐渐消失，导致了传统文化元素的丧失。木质结构、竹编织等传统装饰元素的消失使得城市建筑失去了历史文化的沉淀和地域特色的体现。这些传统文化元素蕴含着丰富的民族文化和地域特色，是城市文化遗产的重要组成部分。然而，现代建筑往往更注重实用性和经济效益，忽视了传统文化元素的传承和发展，导致了城市建筑文化多样性的丧失。

3. 建筑氛围的改变

传统建筑所营造的独特氛围和人文情怀在现代建筑中逐渐消失，使得建筑氛围发生了改变。传统建筑往往具有悠久的历史和文化内涵，建筑中的雕刻、装饰和布局都蕴含着丰富的民族文化和地域特色，能够给人带来历史的沉淀和文化的体验。然而，现代建筑更注重功能性和经济效益，往往忽视了建筑的人文情怀和氛围营造，导致城市中的建筑缺乏温度和灵魂，给人带来的感受单一而冷漠。建筑氛围的改变使得城市失去了原有的文化魅力和人情味，影响了人们对城市的归属感和认同感。

三、现代生活方式对传统建筑的影响

（一）功能需求的改变

随着社会的发展和人们生活方式的变化，传统建筑的功能需求也逐渐受到挑战和改变。这种变化不仅反映了现代人对生活质量和舒适度的追求，也反映了科技进步和社会发展对建筑功能的新要求。以下是现代生活方式变化对传统建筑功能需求的影响和挑战：

1. 私密性需求的增强

传统建筑往往采用开放式的布局和结构，如天井、通廊等设计，这样的布局虽然适合社区生活和人际交往，但在现代社会中，人们对私密性的需求越来越强烈。由于传统建筑的布局不够封闭和私密，无法满足现代人对个人空间和私人生活的需求，因此需要对传统建筑进行功能改造，增强私密性，提升居住舒适度。

2. 多功能性需求的提升

现代生活节奏快速，人们对建筑的功能需求也变得更加多样化和复杂化。传统建筑往往功能单一，只用于居住或工作，而现代人希望建筑能够具备更多的功能，如居住、办公、休闲、娱乐等多种功能的融合。因此，传统建筑需要进行功能更新和扩展，增加灵活性和多样性，以满足现代人的多功能需求。

3. 智能化需求的追求

随着科技的发展，人们对智能化生活的需求不断增加，希望建筑能够融合智能化技术，提升生活品质和便利度。传统建筑往往缺乏智能化设施和设备，无法满足现代人对智能化生活的追求，因此需要对传统建筑进行智能化改造，加入智能家居系统、节能设备等，提升建筑的智能化水平。

（二）审美观念的变化

现代生活方式的变化不仅改变了人们对建筑功能的需求，也深刻影响了人们对建筑审美的观念。传统建筑的形式、结构和装饰常常具有浓厚的历史文化底蕴，但在现代社会中，这种传统的审美观念可能已经不再适应当代人的审美趣味和生活方式。以下是现代生活方式变化对传统建筑审美观念的影响：

1. 简约时尚的审美趋势

随着现代社会的发展，人们对建筑的审美趋向逐渐向简约、时尚的方向发展。现代人生活节奏快，追求简洁明了的生活方式和环境，因此，他们更倾向于简约而不失时尚感的建筑风格。传统建筑的复杂装饰和繁琐结构可能无法满足现代人的审美需求，因此，在审美观念上，现代人更倾向于简洁清新、线条流畅的建筑形式。

2. 功能性与美观性的平衡

现代人对建筑审美的追求不仅停留在外观上，更注重建筑的功能性和实用性。他们希望建筑不仅能够美观动人，还要能够满足实际生活和工作的需求。因此，现代建筑的设计趋向于将功能性与美观性相结合，追求"实用美学"，而非单纯追求表面的装饰和华丽的外观。这与传统建筑追求装饰和雕琢的审美理念形成了明显的对比。

3. 多元文化的影响

现代社会的多元文化交流使得人们接触到更多不同地域、不同风格的建筑，从而拓宽了他们的审美视野。传统建筑的审美观念可能受到其他文化的影响而发生改变，人们开始接受并欣赏不同风格和形式的建筑，这也促进了建筑审美观念的多样化和包容性。

（三）文化认同的变化

1. 个性化和多样化的文化认同

随着现代社会的多元化和全球化，人们的文化认同逐渐向个性化和多样化方向发展。传统建筑所代表的文化往往是固化的、集体的，无法完全满足现代人个性化、多元化的文化需求。现代人更加注重个性和独特性，希望通过建筑表达自己的文化认同，而传统建筑在这方面可能显得过于统一和传统，无法满足现代人的个性化追求。

2. 跨文化交流的影响

现代社会的全球化使得不同文化之间的交流和融合变得更加频繁和密切。人们接触到了更多来自不同文化背景的建筑形式和风格，这种跨文化交流影响着人们对于传统建筑的认知和评价。一些来自其他文化的建筑形式可能会对传统建筑的认同产生冲击，使得传统建筑在文化认同上逐渐失去地位。

3. 现代生活方式的影响

现代生活方式的变化也影响了人们对文化认同的理解和追求。现代人生活节奏快，工作压力大，更加注重舒适性、便利性和实用性。因此，传统建筑所体现的历史文化内涵和生活方式可能不再符合现代人的需求和追求，使得传统建筑在文化认同上逐渐失去吸引力。

第四节　城市化与居住建筑发展趋势

一、城市化进程对贵州居住建筑布局与结构的影响

（一）土地利用压力与建筑密度增加

随着城市化进程的不断推进，贵州地区面临着日益增大的土地利用压力，这对居住建筑的布局和结构带来了重大影响。城市人口的持续增加导致了对土地资源的巨大需求，而贵州地区的土地资源有限。因此，为了有效利用有限的土地资源，居住建筑的布局和结构不得不向着更加密集化的方向发展。

传统的独栋小院式建筑逐渐难以满足人口增长的需求，逐渐被高层多层住宅所取代。这些高层住宅以其垂直城市化的特点，通过增加建筑的高度来增加住房单位的数量，从而满足城市人口的居住需求。在这种发展模式下，建筑密度大大增加，原本分散的住宅区逐渐形成了高密度的居住区域。这种垂直城市化的发展模式，有效地利用了垂直空间，为城市居民提供了更多的居住空间，缓解了土地资源紧张的问题。

然而，随着建筑密度的增加，也带来了一系列的问题和挑战。首先，高密度的建筑容易导致城市交通、环境和基础设施的压力增大，给城市运行和管理带来了诸多挑战。其次，高密度的居住区域可能会导致居民生活空间的局促感和心理压力，影响居民的生活品质和幸福感。此外，建筑密集化还可能影响城市的生态环境和景观质量，加剧城市的"热岛效应"和空气污染问题。

因此，在城市化进程中，需要更加注重平衡土地利用效率与城市发展质量的关系，积极探索符合地方实际情况的居住建筑布局与结构，促进城市建设的可持续发展。这包括加强土地利用规划，优化城市空间布局，提高居住建筑的

设计质量和生态环保水平，以及促进城市基础设施和公共服务设施的建设与完善等。

（二）功能区划的优化与多样化

随着城市化进程的加速，居住建筑的功能区划正在经历从单一到多样化的转变。传统的居住建筑通常布局简单，功能单一，主要用于居住，而现代化的城市居住建筑则更加注重满足居民多样化的生活需求，体现了功能区划的优化与多样化。

第一，现代城市居住建筑内部的功能设施日益丰富和多样化。除了传统的住宅空间外，现代居住建筑通常还包含有购物中心、娱乐设施、健身房、游泳池、图书馆、社区活动室等多种生活配套设施。这些设施的引入丰富了居民的日常生活选择，提高了居住质量，使居民能够更加便利地享受各种生活服务和文化娱乐活动。

第二，现代城市居住建筑的功能区划更加注重个性化和定制化。随着人们生活水平的提高和生活方式的多样化，居住需求也日益多样化和个性化。因此，现代居住建筑的设计越来越注重满足不同居民群体的特殊需求和个性化偏好。例如，一些高端住宅项目可能会提供定制化的服务，如私人花园、专属健身房、定制家具等，以满足高端居民对品质生活的追求；而一些社区型居住建筑则可能会设置社区活动中心、托儿所、老年人活动室等特色功能区，以满足不同年龄段居民的需求。

第三，现代城市居住建筑的功能区划还注重打造共享空间和社交场所。随着社会的发展和生活方式的变化，人们对社交交流的需求日益增强，因此，现代居住建筑往往会设计共享空间，如屋顶花园、休闲广场、多功能活动室等，为居民提供交流互动的场所，促进社区共建共享，增强社区凝聚力和归属感。

（三）建筑结构的创新与安全性提升

随着城市化进程的不断推进，贵州地区的居住建筑结构正在经历着创新与安全性提升的过程。这一趋势在多个方面展现出了明显的特点。

第一，传统的土木结构逐渐被现代化的建筑结构所取代。传统的土木结构虽然在贵州地区的建筑中具有一定的历史和文化价值，但在面对现代化的城市化发展和抗灾安全的要求时，其抗震能力和安全性显然难以满足要求。因此，钢筋混凝土结构、钢结构等现代建筑结构逐渐成为主流，其更高的强度和稳定性为建筑的抗震能力和安全性提升提供了可靠的保障。

第二，现代建筑技术的应用为居住建筑的设计带来了更大的灵活性和多样性。随着科技的发展和建筑材料的创新，建筑设计师可以更加自由地运用各种材料和技术，创造出各种形态丰富、功能多样的建筑作品。例如，在现代建筑中常见的异形结构、空中花园、中庭设计等，都为居住者提供了更加舒适、宜居的居住环境，满足了不同人群的居住需求和审美偏好。

第三，建筑安全性的提升也体现在建筑材料和技术的不断创新上。除了结构的改进外，还有防火、防水、防盗等方面的技术应用不断完善，以保障居住者的生命财产安全。例如，防火材料的广泛应用、智能安防系统的安装等措施，都为居住建筑的安全性提升提供了有力支持。

二、未来贵州居住建筑发展的趋势与展望

（一）生态环保与可持续发展

随着全球环境问题的日益突出和人们对可持续发展的追求，建筑行业正在逐步向绿色、环保、可持续的方向转变。在贵州地区，这一趋势将会得到更加积极推进和实践。

第一，居住建筑将更多地采用绿色建筑材料。绿色建筑材料是指具有环保、节能、可再生等特点的建筑材料，如竹木材料、再生建材、低碳材料等。与传统建筑材料相比，绿色建筑材料更加环保，减少了对自然资源的消耗和污染，有利于保护生态环境。在贵州地区，作为生态资源丰富的地区，可以更加充分地利用当地的竹木资源等绿色材料，推动居住建筑的绿色化发展。

第二，注重节能减排是未来贵州居住建筑发展的重要方向之一。建筑行业是能源消耗的重要领域，因此居住建筑的节能减排具有重要的环境和经济意义。未来的贵州居住建筑将采用更加科技化的节能技术，如太阳能发电、地源热泵、高效隔热材料等，减少能源消耗，降低二氧化碳排放，实现建筑能源的可持续利用。

第三，未来贵州居住建筑将建设生态友好型社区和住宅区域。生态友好型社区是指在建设过程中充分考虑自然生态系统的结构和功能，保护和恢复生态环境，实现人与自然的和谐共生。在贵州地区，可以通过合理规划和设计，保

留和改善当地的生态环境，建设绿色公园、湿地、生态步道等，为居民提供健康、舒适的生活环境。

（二）智能化与科技融合

第一，智能家居系统将成为居住建筑的重要组成部分。随着人工智能和物联网技术的发展，智能家居系统将逐渐普及到贵州的居住建筑中。居民可以通过智能手机或其他智能设备远程控制家中的照明、空调、窗帘等设备，实现智能化的居住体验。智能家居系统还可以通过学习和分析居民的生活习惯，自动调节环境参数，提升居住舒适度和能源利用效率。

第二，智能安防系统将成为居住建筑的重要保障。智能监控摄像头、智能门禁系统、智能报警装置等将构建起完善的安防系统，保障居民的人身和财产安全。这些系统可以实时监控居住区域的安全状况，一旦发现异常情况即时报警，提高了居民的安全感和社区的安全水平。

第三，科技的应用还将推动建筑材料和结构的创新。传统的建筑材料和结构往往存在耗能高、资源浪费等问题，而未来的建筑将更加注重环保和可持续发展。新型建筑材料如环保型材料、智能材料等将得到广泛应用，提高建筑的节能性和环保性。同时，新型建筑结构设计将更加灵活多样，可以根据不同的需求和环境条件进行定制，实现建筑的更高效、更安全和更环保。

（三）人性化设计与社区建设

第一，建筑设计将更加关注居民的需求和生活方式。传统的建筑设计往往注重外观和功能，但未来的建筑将更加关注居民的生活体验和需求。建筑设计将更加人性化，充分考虑到居民的生活习惯、年龄特点、身体需求等因素，提供更加贴心和舒适的居住空间。

第二，未来的居住建筑将提供更多的社交空间和公共设施。人们在城市生活中往往感到孤独和缺乏社交，因此未来的居住建筑将设计更多的公共空间，如休闲广场、健身房、图书馆、社交厅等，为居民提供交流互动的场所，促进邻里之间的交流和社区凝聚力的增强。

第三，社区文化活动和居民自治将成为社区建设的重要组成部分。未来的社区将开展更多的文化活动和社区服务，如文艺演出、手工艺课程、社区志愿服务等，丰富居民的精神文化生活。同时，鼓励居民参与社区自治和管理，促进社区自治机制的建立和完善，让居民参与社区事务决策，增强社区的活力和自我管理能力。

第四，社区建设将注重营造温馨、和谐的居住环境。未来的社区将注重绿化和景观设计，打造宜居的生态环境，提高居民的生活品质。同时，加强社区安全管理和公共设施建设，保障居民的生命财产安全，营造安全、和谐的社区氛围。

参考文献

[1] 高鑫，朱建君，陈敏，等．装配式混凝土建筑物化阶段碳足迹测算模型研究 [J]．建筑节能，2019，47（2）：97-101．

[2] 李水生，肖初华，杨建宇，等．建筑施工阶段碳足迹计算与分析研究 [J]．环境科学与管理，2020，45（3）：41-45．

[3] 魏秀萍，赖芨宇，李晓娟．施工阶段住宅工程机电耗能的碳排放计算 [J]．北华大学学报（自然科学版），2013，14（4）：484-487．

[4] 相文强．框架结构建筑工程施工阶段的碳排放核算研究 [D]．福州：福建农林大学，2017．

[5] 张时聪，徐伟，孙德宇．建筑物碳排放计算方法的确定与应用范围的研究 [J]，建筑科学，2013，29（2）：35-41．

[6] 徐西蒙．基于生命周期理论的建筑碳足迹分析 [J]．环境科学导刊，2021，40（2）：28-34．

[7] 毛潘，杨柳，罗智星．建筑构造生命周期碳排放评价方法研究—以西安地区住宅建筑墙体构造为例 [J]．华中建筑，2019（12）：32-37．

[8] 杨滨．探讨建筑装饰设计风格与建筑文化之间的关系 [J]．中国建筑装饰，2020（6）：92-93．

[9] 郭柳．建筑装饰设计风格与建筑文化之间的关系 [J]．居舍，2020（11）：8．

[10] 樊旭燕．建筑装饰设计风格与建筑文化之间的关系探讨 [J]．江西建材，2019（12）：61，63．

[11] 权馥媛．传统建筑文化在现代建筑设计中的传承与应用 [J]．居舍，2019（35）：102．

[12] 穆展羽，焦健．传统民居建筑的文化价值和保护传承 [J]．风景名胜，2019（6）：33，35．

[13] 陈源媛. 建筑装饰设计风格与建筑文化之间的关系探讨 [J]. 建筑·建材·装饰，2019（24）：147，151.

[14] 杨丽文. 浅谈现代住宅建筑设计中对"四合院"形式与精神的借鉴 [J]. 桂林师范高等专科学校学报，2003，17（1）：40－43.

[15] 孙志国. 浅析现代住宅建筑设计中存在的问题 [J]. 中华民居，2013（9）：83－84.

[16] 计兴平. 关于现代住宅建筑设计及其发展的探析 [J]. 建筑工程技术与设计，2016（27）：625.

[17] 刘松. 浅谈现代住宅建筑设计发展方向 [J]. 城市建设理论研究（电子版），2015，5（13）：2626－2627.

[18] 李云峰. 现代住宅建筑设计中的问题与趋势分析 [J]. 中国新技术新产品，2010（4）：179.